Weitere Titel siehe letzte Seite.

Ein WAS IST WAS Buch

Unser Kosmos

An den Grenzen von Raum und Zeit

Von Dr. Erich Übelacker
Illustriert von Manfred Kostka und Joachim Knappe

Hubble-Weltraumteleskop

Tessloff Verlag

Vorwort

Alle alten Kulturvölker haben sich ein Bild vom Weltall, das wir auch Kosmos oder Universum nennen, gemacht. Meist stand für sie die Erde im Mittelpunkt des Universums. Dieses war durch eine äußere Schale, die Fixsternsphäre, begrenzt, hinter der das Reich der Götter begann. Seit rund 500 Jahren wissen wir, dass nicht die Erde, sondern die Sonne im Zentrum des Planetensystems steht, etwas später erkannte man, dass wir von Millionen anderen Sonnen umgeben sind, die zu einer großen Welteninsel, unserer Galaxie, dem Milchstraßensystem, gehören.

Heute wissen wir dank moderner Riesenteleskope und Raumsonden, dass es nicht nur unsere Galaxie, sondern Milliarden von anderen solchen Systemen gibt, die gewaltige Familien, die Galaxienhaufen, bilden. Wir haben erfahren, warum die Sterne leuchten, und dass sie entstehen und vergehen. Alle Sterne und Galaxien bilden das Weltall, das Universum. Dieses existiert nicht seit ewigen Zeiten, sondern entstand wahrscheinlich vor rund 15 Milliarden Jahren durch den Urknall. Erst seit diesem Ereignis gibt es Raum, Zeit und Materie.

Die Wissenschaft, die sich mit dem Aufbau und der Entwicklung des gesamten Weltalls beschäftigt, nennt man Kosmologie. Dieses WAS IST WAS-Buch soll den jungen Leser in die Kosmologie des beginnenden 21. Jahrhunderts einführen. Es behandelt Fragen nach Anfang und Ende des Alls, nach Raum und Zeit sowie nach der Struktur und den Grenzen des Universums.

Die Astronomen und Kosmologen erleben eine interessante Zeit. Täglich erreichen uns neue Messungen und Bilder aus den Tiefen des Alls. Insbesondere das Hubble-Weltraumteleskop hat uns unvergleichlich schöne und wertvolle Bilder aus der Frühzeit des Universums und den Geburtsstätten der Sterne beschert. Es ist sehr gut möglich, dass viele der in diesem Band beschriebenen Ideen und Theorien sich einmal als falsch erweisen und ersetzt werden müssen. Das ist an der vordersten Front der Wissenschaft nichts Außergewöhnliches, sondern ganz normal. Dieser Band kann nur den heutigen Stand der Kosmologie schildern und die jungen Leser anregen, die weitere Entwicklung selbst zu verfolgen. Insbesondere das genaue Alter des Universums, die Schwarzen Löcher, fremde Planetensysteme, die Frage nach Endlichkeit und Unendlichkeit, aber auch die geheimnisvolle Dunkelmaterie, aus der 99 Prozent des Alls bestehen sollen, geben noch viele Rätsel auf.

WAS IST WAS

BAND 102

Dieses Buch ist auf chlorfrei gebleichtem Papier gedruckt.

BILDQUELLENNACHWEIS:
Astrofoto, Leichlingen: 1 Shigemi Numazawa, 3 NASA, 4/5 Koch, 6 ESO, 9 NASA (2), 10/11 NASA, 12, 15 Koch, 16 Shigemi Numazawa, 17 NASA, 19 NASA (2), 19 Shigemi Numazawa, 20 Shigemi Numazawa, 21 Koch, 22 NASA, 22 ZEISS, 22 NASA, 24 Shigemi Numazawa, 28 NOAO, 28 NASA, 29 ROE/AAT Board, 30 NASA, 34/35 APB, 36 Koch, 39 NOAO, 39 Hale Observatorium, 41 NASA, 44 NASA, 45 Shigemi Numazawa, 46 NASA;
Bildagentur Schuster, Oberursel: 46; Bildarchiv Preußischer Kulturbesitz, Berlin: 36;
Planetarium Hamburg: 5, 6, 6 ESO, 9 Hansen Planetarium/Salt Lake City, 12, 14 (3), 20, 22 NASA, 44 NASA, 45, 46 NASA.

Umschlagfotos: Astrofoto, Leichlingen.

Illustrationen von Manfred Kostka und Joachim Knappe.

ISBN 3-7886-0665-7

Inhalt

Blick ins Weltall

Ein Anfang – und kein Ende?

Elliptische Galaxie am Rande des Comahaufens – aufgenommen vom Hubble-Weltraumteleskop.

Hat der Kosmos eine Grenze?

Leben im Weltall

Blick ins Weltall

Wie erforscht man das Universum?

Schon im Altertum machten sich viele Gelehrte Gedanken über das Universum, den die Erde umgebenden Raum, in dem sich die Gestirne befinden. Sie versuchten, seinen Aufbau zu erklären und die Himmelskörper zu vermessen.

Die moderne Erforschung des Weltalls begann im frühen 17. Jahrhundert. Der italienische Physiker und Astronom Galileo Galilei richtete 1609 als Erster ein Fernrohr auf die Sterne und entdeckte die Jupitermonde und Mondberge. In den nun folgenden Jahrzehnten wurden immer größere Teleskope gebaut und erschlossen uns Millionen von fernen Welten, die dem Beobachter jedoch nur als Lichtpunkte erschienen. Später lernte man, das Sternenlicht zu zerlegen und aus den so gewonnenen Spektren viele Informationen über die Zusammensetzung, die Temperatur, die Bewegung und die Magnetfelder der Sterne zu gewinnen.

Bis zum Jahre 1932 beobachtete man nur das sichtbare Licht der Sterne und Planeten – wenn man von einigen Versuchen absieht, von Ballonen aus Partikelstrahlen aus dem Weltall einzufangen. Danach begann man auch Radiowellen aus dem Universum zu untersuchen, die wie das Licht unsere Atmosphäre durchdringen und die Erdoberfläche erreichen. Die meisten Strahlen, die aus dem Weltall kommen, werden jedoch von der Lufthülle ver-

FERNROHRE oder TELESKOPE gibt es in zwei unterschiedlichen Typen: Beim Refraktor (oder Linsenfernrohr) sammelt eine Linse das Sternenlicht, beim Reflektor (oder Spiegelteleskop) ein Hohlspiegel. Je größer der Spiegel ist, desto mehr Licht kann das Gerät sammeln. Große Teleskope haben Spiegeldurchmesser von mehreren Metern.

Schon mit einem kleinen Fernrohr kann man Hunderttausende von Sternen erkennen. Es handelt sich um ferne Sonnen, die so weit weg sind, dass sie uns nur als schwache Lichtpunkte erscheinen.

Observatorien wie die Europäische Südsternwarte in Chile liegen fast immer im Gebirge. Die großen Teleskope der Astronomen befinden sich meist in kuppelförmigen Gebäuden.

Das Wort „PARTIKEL" hat seinen Ursprung im Lateinischen und bedeutet einfach „Teilchen".

schluckt. Sehr viele Informationen von fernen Sternen und Galaxien kommen also gar nicht bei den Astronomen in ihren erdgebundenen Sternwarten an.

Die moderne Raumfahrt hat alle diese Barrieren überwunden. Zahlreiche Satelliten untersuchen heute Röntgen- und Ultraviolettstrahlen aus dem All. Andere messen die Infrarotstrahlung neu entstehender Sonnen und Planetensysteme. Raumsonden erforschen die Jupiteratmosphäre oder entdecken mit modernster Radartechnik Vulkane und Krater auf der Venus, deren Oberfläche noch nie ein Mensch zu Gesicht bekommen hat. Schon 1969 landeten Astronauten auf dem Mond und sammelten Gesteinsproben, mit deren Hilfe man wertvolle Aufschlüsse über die Geschichte und das Alter des Sonnensystems erhielt. Spezialsatelliten erforschen Strahlung aus der Zeit kurz nach Entstehung des Weltalls, andere untersuchen die Partikelströme, die von der Sonne kommen oder bei Sternexplosionen ausgestoßen wurden.

Aber auch das sichtbare Licht kann man aus dem Weltall besser beobachten als von der Erde. Man darf nicht vergessen, dass die Strahlung von Planeten und Sternen das „schmutzige Kellerfenster" unserer Atmosphäre durchdringen muss, bevor sie unsere Sternwarten erreicht. Das Hubble-Weltraumteleskop, das seit 1990 auf einer Erdumlaufbahn kreist, hat uns von dieser Last befreit. Mit ihm konnten die Astronomen erstmals entstehende Planetensysteme und die Umgebung riesiger Schwarzer Löcher sehen sowie Einblicke in die Frühgeschichte des Universums bekommen.

Aber auch die erdgebundene Astronomie macht große Fortschritte. Riesige Radioteleskope und modernste optische Geräte spielen nach

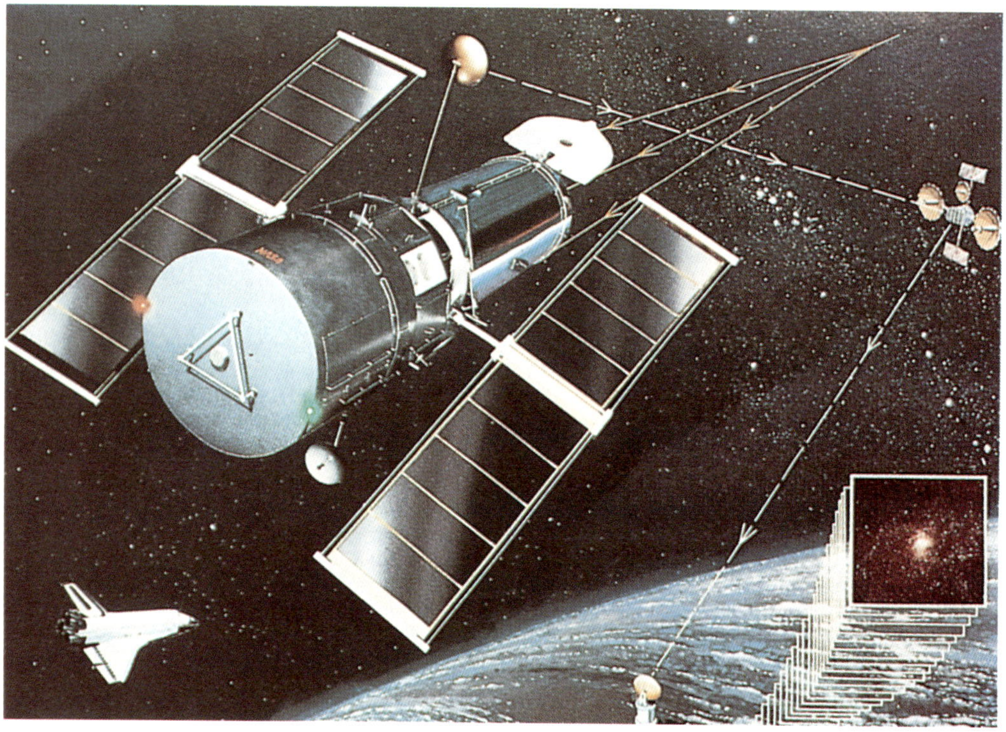

Neutrino-Astronomie

Neutrinos sind sehr kleine, elektrisch neutrale Elementarteilchen. Sie entstehen zum Beispiel im Inneren der Sonne bei der Erzeugung von Kernenergie. Da sie problemlos durch die Sonne hindurchfliegen können, erlauben sie uns einen direkten Blick in ihre heißen Zentralbereiche.

Das Hubble-Weltraumteleskop umkreist als Satellit die Erde und befindet sich über der Lufthülle, die bei erdgebundenen Sternwarten die Beobachtung behindert. Von ihm stammen viele Bilder in diesem Buch.

wie vor eine große Rolle. Sie machen die Nachteile ihres irdischen Standortes durch ihre Größe, aber auch durch neue Techniken wett, mit denen man die Störungen der Atmosphäre austricksen kann. Besonders das VLT (englisch „Very Large Telescope"; deutsch: sehr großes Teleskop) in den Bergen Chiles, das mit vier riesigen Spiegeln ausgestattet ist, kann neue Maßstäbe setzen.

Es gibt auch Sternwarten, die tief unter der Erde liegen. Sie erforschen kleine, von der Sonne oder von Sternexplosionen stammende Teilchen, so genannte Neutrinos. Diese durchdringen Bleiplatten und hohe Gebirge und werden da untersucht, wo andere Strahlen aus dem All nicht hinkommen können.

Wichtig für die Astronomie sind auch die großen

Riesenteleskope helfen den Astronomen, in die Tiefen des Alls zu blicken und Milliarden Lichtjahre entfernte Galaxien zu erforschen.

Die Europäische Südsternwarte auf dem Cerro Paranal in Chile verfügt über vier riesige Spiegelteleskope. Jedes hat einen Durchmesser von 8,2 Metern.

Teilchenbeschleuniger
Astronomen nehmen an, dass am Anfang des Weltalls extrem hohe Temperaturen herrschten. Atomkerne und Teilchen bewegten sich rasend schnell. Mit den modernen Teilchenbeschleunigern können wir Elementarteilchen und Atomkerne auf diese extrem hohe Geschwindigkeit beschleunigen. So kann man die Bedingungen kurz nach dem Urknall simulieren.

modernen Teilchenbeschleuniger. Sie sind in der Lage Zustände herzustellen, wie sie kurz nach der Entstehung des Universums geherrscht haben müssen.

Warum leuchten Sterne?

In einer klaren, mondlosen Nacht kann man mit dem bloßen Auge rund 2.000 Sterne erkennen – schon mit einem guten Fernglas oder einem kleinen Teleskop dagegen Hunderttausende. Abgesehen von den Planeten wie Venus oder Jupiter sind alle diese Sterne ferne Sonnen, die so weit weg sind, dass sie nur als kleine Lichtpunkte am Nachthimmel erscheinen. Viele von ihnen sind in Wirklichkeit viel heller als unsere Sonne, andere strahlen nur verhältnismäßig wenig Licht ab.

Sterne sind große heiße Gaskugeln. In ihrem Inneren ist die Temperatur so hoch, dass dort Kernfusion (Kernverschmelzung) stattfinden kann. Bei diesem Vorgang verschmelzen kleine Atomkerne zu größeren. Dabei werden ungeheure Energiemengen frei.

Wie in Milliarden anderen Sternen findet auch in unserer Sonne Kernfusion statt. Vier kleine Wasserstoffatomkerne werden über einige Umwege zu einem großen Heliumatomkern verschmolzen. Dieser ist etwas leichter als seine vier Bausteine. Es geht also Masse verloren, die in Energie (vor allem elektromagnetische Strahlung) umgewandelt wird.

Unsere Sonne kann viele Milliarden Jahre lang strahlen, obwohl sie in jeder Sekunde 564 Millionen Tonnen Wasserstoff zu 560 Millionen Tonnen Helium verbrennt. Sie ist ein

Im Sonneninneren werden vier Wasserstoffatomkerne zu einem Heliumkern verschmolzen. Dieser hat etwas weniger Masse als seine Bausteine. Die Massendifferenz wird in Energie umgewandelt.

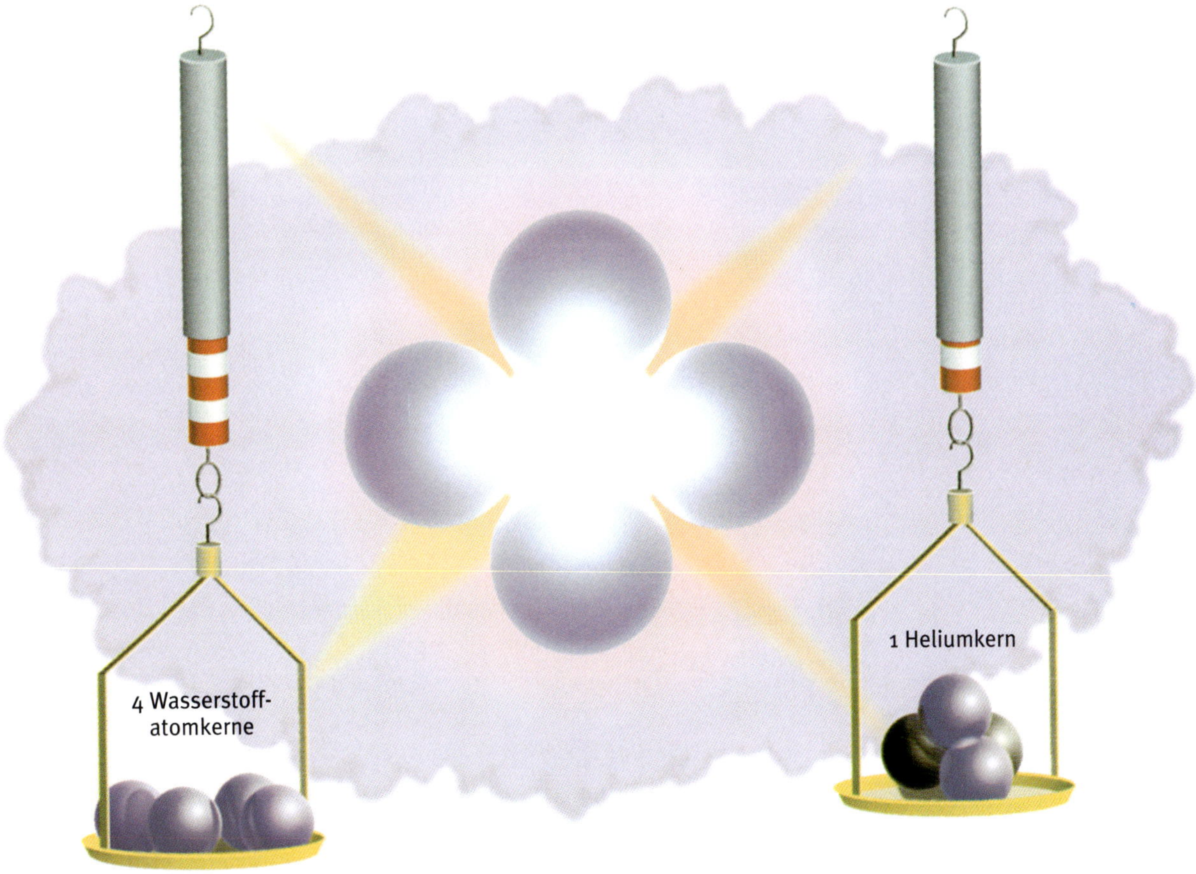

Könnte ein Superraumschiff hundertmal schneller fliegen als unsere heutigen Sonden, so wäre es immer noch Jahrhunderte zu den nächsten Fixsternen unterwegs.

Stern mit einer vergleichsweise geringen Masse. Massereiche Sterne hingegen gehen sehr verschwenderisch mit ihrem Brennstoff um und leben viel kürzer als unsere Sonne.

Alle Sterne bewegen sich mit unvorstellbaren Geschwindigkeiten durchs All. Ihre Entfernung ist aber so groß, dass ein Menschenleben nicht ausreicht, diese Bewegungen zu erkennen. Am Nachthimmel sieht es so aus, als würden gewisse helle Sterne zusammengehören und Figuren bilden, die man Sternbilder nennt. Jahrtausendelang scheinen sie unverändert zu bleiben.

Die fernen Sonnen werden im Gegensatz zu den Planeten auch Fixsterne genannt, da man früher glaubte, sie seien am Himmel festgemacht („fixiert") und deshalb bewegungslos, anders als die Planeten.

Wie weit sind die Sterne entfernt?

Die Sonne ist rund 150 Millionen km von der Erde entfernt. Ihr Licht, das sich mit einer Geschwindigkeit von 300.000 km/s fortbewegt, braucht 8 1/3 Minuten, um auf die Erde zu gelangen. Man sagt, die Sonne sei 8 1/3 Lichtminuten entfernt. Die Bahnen der äußersten Planeten unseres Sonnensystems – Neptun und Pluto – haben Durchmesser von rund 10 Lichtstunden. Die Fixsterne, unsere Nachbarsonnen, sind nicht Lichtmi-

Lichtgeschwindigkeit

Die Geschwindigkeit von Licht- oder Radiosignalen im luftleeren Raum beträgt 299.792,5 km/s – also rund 300.000 Kilometer pro Sekunde. Dies ist die höchste Geschwindigkeit, die bei der Übertragung von Signalen oder Energie erreicht werden kann. Raumschiffe werden wohl niemals so schnell sein.

Entfernungsmessung

Die Entfernung von Mond oder Mars misst man, indem man ein Radarsignal dorthin schickt. Aus der Laufzeit des Signals ergibt sich die Entfernung. Der Abstand von Fixsternen ist schwerer zu bestimmen. Man benutzt dazu die Drehung der Erde um die Sonne. Im Juni steht ein ferner Stern für uns in einer etwas anderen Richtung als etwa im Dezember. Je näher der Stern ist, umso stärker ändert sich seine Position im Laufe eines halben Jahres. Aus dieser Positionsänderung kann man die Entfernung berechnen.

nuten oder Lichtstunden, sonden viele Lichtjahre entfernt, das heißt, ihr Licht erreicht uns erst nach Jahren oder Jahrhunderten.

Der nächste Nachbarfixstern – Proxima Centauri – hat einen Abstand von 4,4 Lichtjahren. Das sind 41.630.000.000.000 oder 41,63 Billionen Kilometer. Unsere schnellsten Raumsonden, die zum 400.000 km entfernten Mond einige Tage und zu den äußeren Planeten unseres Sonnensystems über zehn Jahre unterwegs sind, würden rund 70.000 Jahre brauchen, um Proxima Centauri zu erreichen. Könnte man hundertmal schneller fliegen, so wären irdische Astronauten immer noch 700 Jahre dorthin unterwegs. Generationen von Raumfahrern müssten in einem Superraumschiff geboren werden, leben und sterben, bis ihre Ururenkel im Jahr 2700 dort ankommen würden.

Wahrscheinlich wird sich die Raumfahrt über die Grenzen unseres Sonnensystems niemals hinausbewegen. Dennoch wissen wir heute dank großer Teleskope und vieler Raumsonden recht viel von den Sternen.

In solchen Gasnebeln entstehen noch heute neue Sonnen und Planetensysteme. Dieses Bild wurde mit Hilfe eines erdgebundenen Teleskops in den USA aufgenommen.

Wie entstehen Sterne?

Sterne haben nur einen begrenzten Brennstoffvorrat und können daher nicht ewig leuchten. Wie auch unsere Sonne müssen sie verlöschen, wenn ihr Brennstoff verbraucht ist. In so genannten „Sternentstehungsgebieten“ bilden sich aber immer wieder neue Sterne.

Solche Sternentstehungsgebiete sind große kosmische Wolken aus Gas und Staub. Aus ihrem Material

Diese Sternentstehungsgebiete wurden vom Hubble-Weltraumteleskop aufgenommen. Die Bilder aus dem Weltall sind schärfer als die besten Aufnahmen, die man von der Erde aus machen kann.

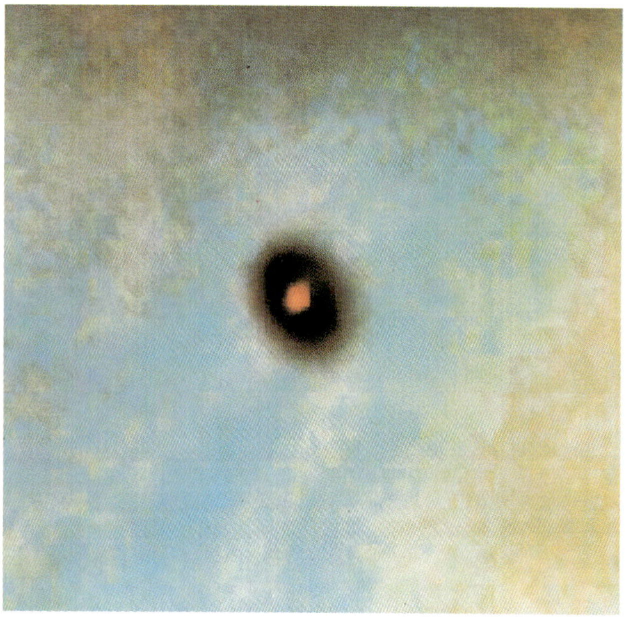

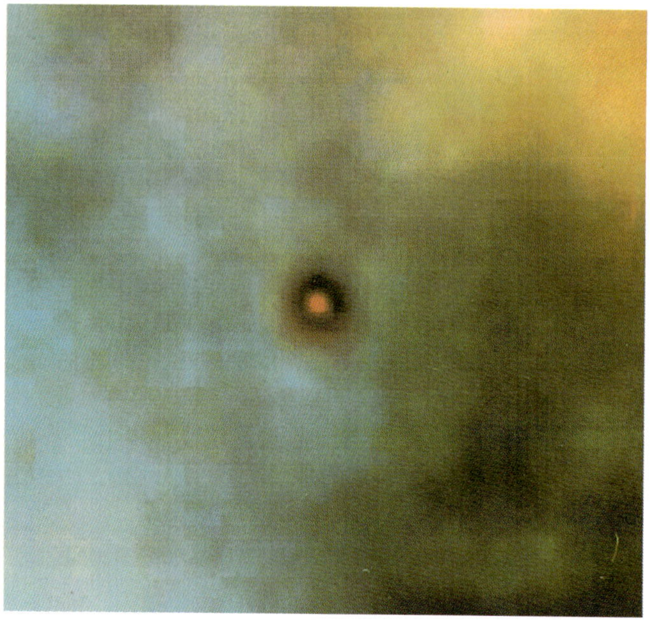

können Tausende von Sonnen entstehen. Eine solche Gaswolke beginnt sich zusammenzuziehen und zerfällt nach einiger Zeit in kleinere Teilwolken. In diesen bilden sich Verdichtungen, zunächst noch kühle Gasbälle, die sich immer mehr zusammenziehen und dabei langsam erhitzen. Aus jeder dieser Verdichtungen kann ein Stern oder ein ganzes Sonnensystem entstehen.

So ein Gasball wird immer kleiner und dichter, da seine Massen sich gegenseitig anziehen. Materie aus der Umgebung regnet auf die sich bildende Sonne, die man auch Protostern nennt, herunter. Der entstehende Stern, der zunächst von einer undurchsichtigen Hülle umgeben ist, wird immer heißer und beginnt sichtbares Licht auszustrahlen. Schließlich erreicht die Temperatur in seinem Zentrum einige Millionen Grad, der Innendruck steigt zu extremen Werten an. Unter diesen Bedingungen setzt die Kernfusion ein, dabei wird unvorstellbar viel Energie frei. Das atomare Feuer ist nun entzündet, der junge Stern hat eine fast unerschöpfliche Energiequelle erhalten, die ihm ein oft Milliarden Jahre langes Leben ermöglicht.

Auch die Entstehung von Planeten kann man heute erklären. Die meisten Protosterne drehen sich um sich selbst, sie rotieren. Beim Zusammenziehen wird die Drehung immer schneller. Wir kennen das von Eisläufern, die sich immer schneller drehen, je näher sie die Arme an den Körper ziehen. Durch die immer schnellere Drehung plattet sich die Gaskugel zu einer Scheibe ab. In der Mitte entsteht eine große Verdichtung, die – wie beschrieben – zu einem hell leuchtenden Fixstern wird. Aus der Scheibe können sich Planeten bilden.

Auch unser Sonnensystem ist wahrscheinlich so entstanden. Mit unseren modernen Teleskopen und Satelliten lassen sich heute leicht große Scheiben um junge Sterne beobachten, aus denen sich später Planeten und Monde bilden können.

Wann muss die Sonne sterben?

Wenn ein Stern wie unsere Sonne geboren ist, kann er viele Milliarden Jahre fast gleichmäßig hell strahlen und seine Planeten mit Energie versorgen. Irgendwann

Heute können wir die Entstehung neuer Planetensysteme dank des Hubble-Weltraumteleskops direkt beobachten. Diese vier Bilder zeigen, wie sich um junge Sonnen Gas- und Staubscheiben bilden, aus denen später Planeten und Monde entstehen können. Auch die Erde ist einmal aus so einer Scheibe hervorgegangen.

Braune Zwerge

Ein junger Stern muss über mindestens 8% der Sonnenmasse verfügen, um ein richtiger Fixstern zu werden. Ist er kleiner, wird er in seinem Inneren nicht heiß genug, um die Kernfusion – die Umwandlung von Wasserstoff in Helium – dauerhaft zu zünden. Solche verhinderten Sonnen heißen „Braune Zwerge“: Sie leuchten eine Zeitlang in einem dunklen Orange, das von Ferne wie ein Braunton aussieht.

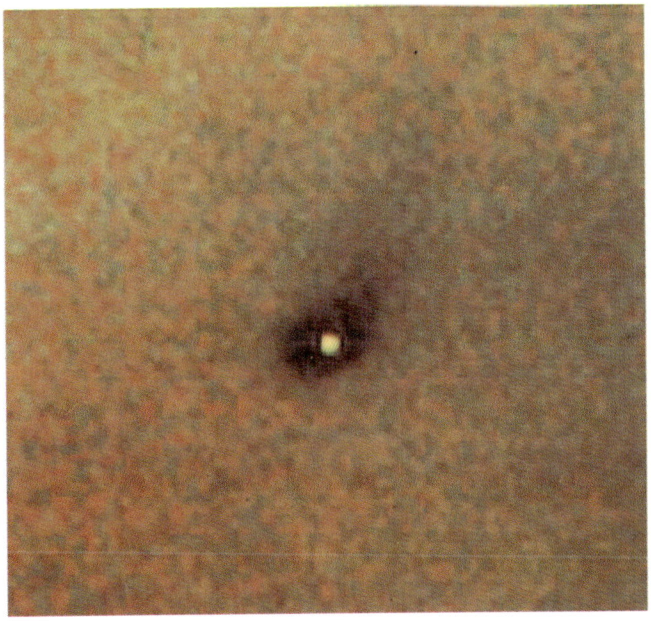

Sterne blähen sich am Ende ihres Lebens zu gewaltigen Roten Riesen oder Überriesen auf und enden als Weiße Zwerge, Neutronensterne oder Schwarze Löcher.

jedoch sind in seinem Zentrum die Brennstoffvorräte erschöpft und sein Leben erlischt. Unsere Sonne kann etwa 11 Milliarden Jahre lang leuchten, von denen sie jetzt knapp 5 Milliarden hinter sich hat. Wenn der ganze Wasserstoff in ihrem Kern zu Helium umgewandelt ist, schrumpft der Kern zusammen und wird immer heißer. Um ihn herum ist noch Wasserstoff vorhanden und „verbrennt“ ebenfalls zu Helium. Das Zentrum erhitzt sich immer mehr. Schließlich wird bei einer weiteren Kernfusion Helium in Kohlenstoff umgewandelt. In dem alternden Stern entsteht ein Überdruck, er bläht sich zu einem „Roten Riesen“, dann zu einem Überriesen auf. Unsere Sonne wird am Ende ihres Lebens so groß werden, dass sie Merkur und Venus verschlingt und die Erde auf über 1.000 Grad erhitzt. Schließlich wird die sterbende Sonne ihre äußeren Hüllen abstoßen; ihr Kern bleibt zurück und erkaltet langsam. Größe-

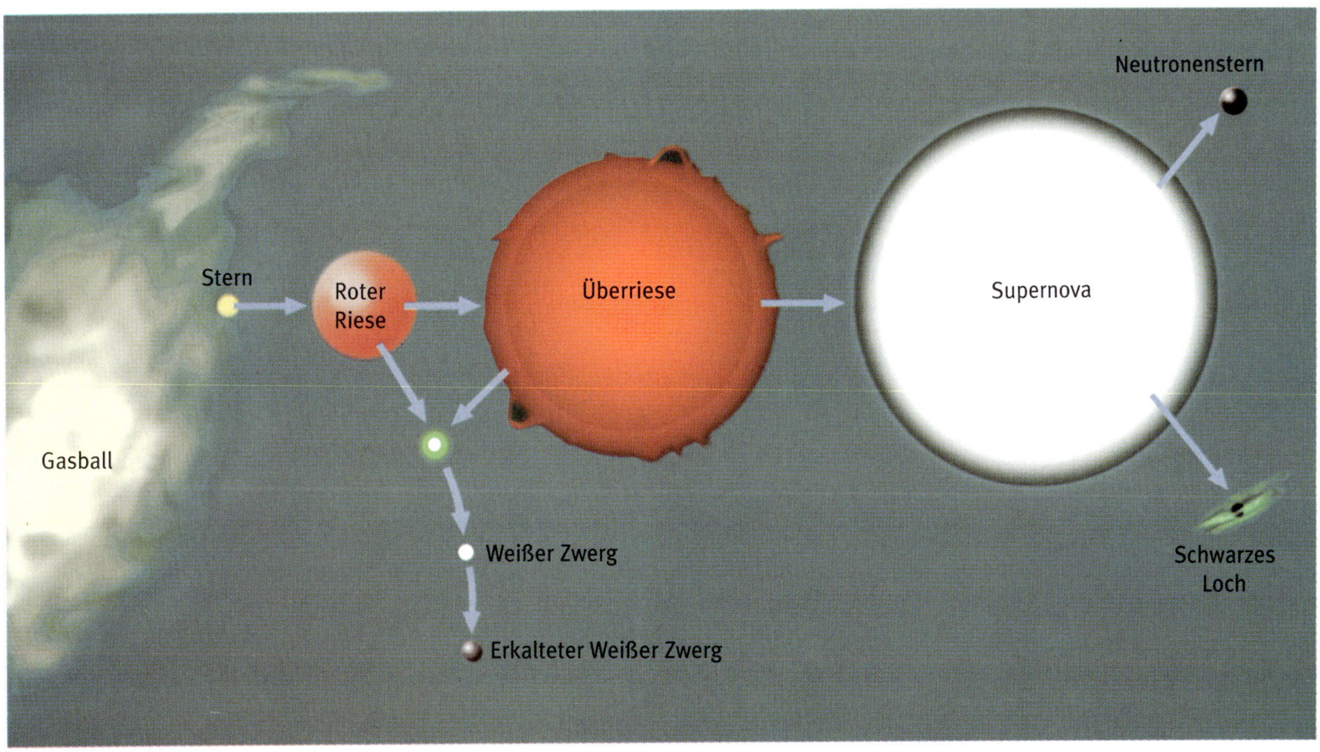

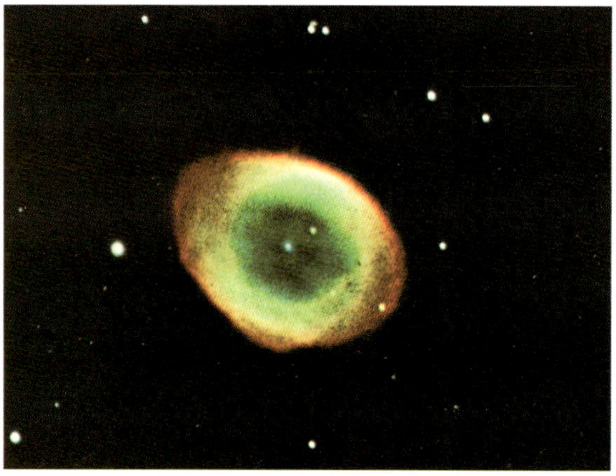

Hier hat eine sterbende Sonne ihre äußeren Hüllen abgestoßen. Der Rest des Sterns schrumpft zu einem Weißen Zwerg zusammen, in dem die Materie unvorstellbar konzentriert ist.

re Sterne schleudern ihre äußeren Schichten mit einer gewaltigen Explosion von sich fort. Einen solchen Ausbruch nennt man Supernova.

Was sind Weiße Zwerge und Pulsare?

Manche alten Sterne, wie unsere Sonne, stoßen ihre äußeren Schichten langsam ab, schwerere Sterne explodieren am Ende ihres Lebens. Fast immer bleibt jedoch ein ausgebrannter Kern zurück. Wenn dieser Kern weniger als 1,4 Sonnenmassen hat, wird er zu einem Weißen Zwerg – einer Kugel, die etwa so groß ist wie die Erde. In dieser kleinen Kugel steckt jedoch die Masse einer ganzen Sonne! Die Materie eines Weißen Zwerges ist so unglaublich dicht gepackt, dass ein Teelöffel davon mehrere Tonnen wiegen würde.

Noch fantastischer ist aber das Schicksal von Sternresten, die zwischen 1,4 und ungefähr 3 Sonnenmassen haben. Sie schrumpfen zu rund 20 km großen Kugeln zusammen. Ein Kubikzentimeter ihrer Materie würde etwa 100 Millionen Tonnen wiegen! Diese Sternreste bezeichnet man als Neutronensterne, weil sie fast ganz aus Teilchen aufgebaut sind, die man Neutronen nennt. Viele Neutronensterne kann man beobachten. Die winzigen, aber äußerst massereichen Kugeln drehen sich sehr schnell um sich selbst. Es gibt auf ihnen Stellen, die besonders viel Strahlung aussenden. Immer, wenn sich so eine Region an uns vorbeidreht, erhalten wir einen Strahlungsblitz. Man sieht dann eine pulsierende Licht- und Strahlungsquelle. Die Neutronensterne werden daher auch Pulsare genannt.

Was ist ein Schwarzes Loch?

Während man Weiße Zwerge und Neutronensterne immerhin sehen kann, ist dies bei Sternresten mit mehr als drei Sonnenmassen nicht möglich. Sie schrumpfen zu so winzigen Gebilden zusammen, dass an ihrer Ober-

SCHMETTERLINGSNEBEL **Die abgestoßenen Gashüllen sterbender Sterne können die verschiedensten Formen haben, wie dieses Hubble-Bild zeigt.**

DIE MASSE UNSERER SONNE bezeichnen die Astronomen als 1 Sonnenmasse. Sie ist eine Grundeinheit der Astronomie.

STRAHLUNG nennen wir alle Botschaften, die uns ein Stern sendet – ob Teilchen, Licht oder Wärme.

Größenvergleiche im Weltall: Rote Riesen sind viel größer als die Sonne. Diese hat jedoch gemessen an Sternresten wie Weißen Zwergen und Neutronensternen gewaltige Ausmaße.

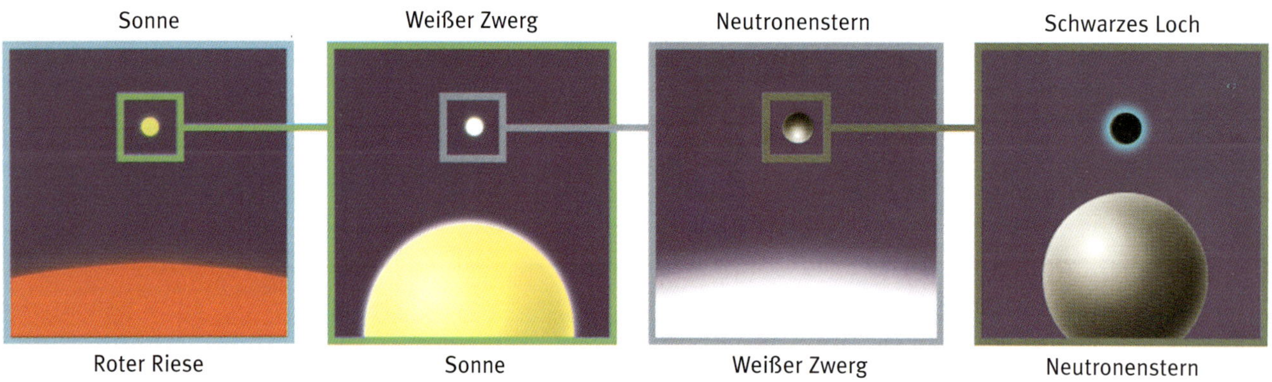

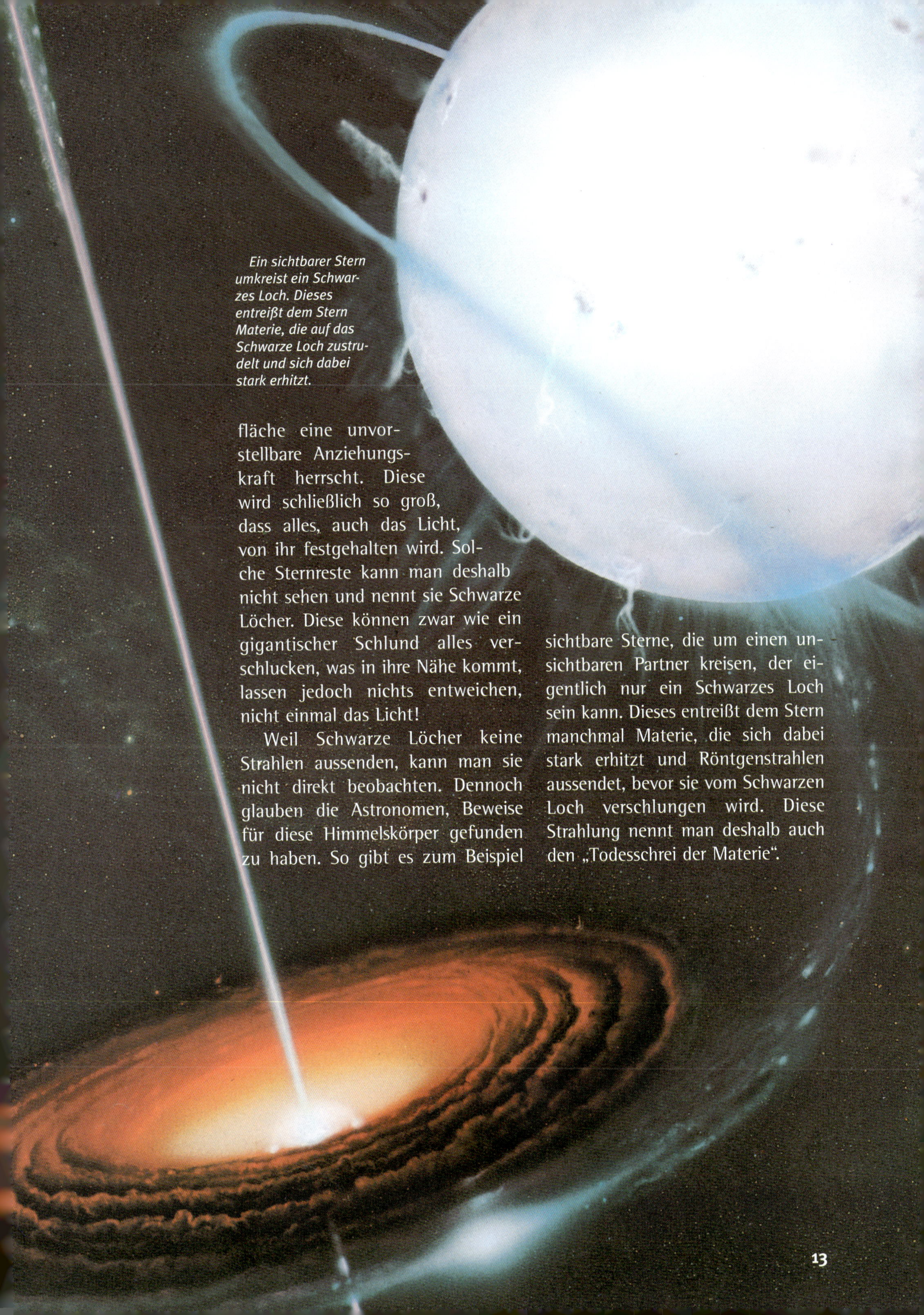

Ein sichtbarer Stern umkreist ein Schwarzes Loch. Dieses entreißt dem Stern Materie, die auf das Schwarze Loch zustrudelt und sich dabei stark erhitzt.

fläche eine unvorstellbare Anziehungskraft herrscht. Diese wird schließlich so groß, dass alles, auch das Licht, von ihr festgehalten wird. Solche Sternreste kann man deshalb nicht sehen und nennt sie Schwarze Löcher. Diese können zwar wie ein gigantischer Schlund alles verschlucken, was in ihre Nähe kommt, lassen jedoch nichts entweichen, nicht einmal das Licht!

Weil Schwarze Löcher keine Strahlen aussenden, kann man sie nicht direkt beobachten. Dennoch glauben die Astronomen, Beweise für diese Himmelskörper gefunden zu haben. So gibt es zum Beispiel sichtbare Sterne, die um einen unsichtbaren Partner kreisen, der eigentlich nur ein Schwarzes Loch sein kann. Dieses entreißt dem Stern manchmal Materie, die sich dabei stark erhitzt und Röntgenstrahlen aussendet, bevor sie vom Schwarzen Loch verschlungen wird. Diese Strahlung nennt man deshalb auch den „Todesschrei der Materie".

Außer den „stellaren“ Schwarzen Löchern (von lat. „stella“: Stern), die man sich als Reste von Sternen vorstellen muss, gibt es wahrscheinlich auch sehr massereiche Schwarze Löcher im Zentrum von Galaxien. Viele Forscher, zum Beispiel der berühmte englische Physiker Stephen Hawking, nehmen an, dass es sogar Schwarze Minilöcher gibt, die aus der Anfangszeit des Alls stammen sollen.

Das so genannte Siebengestirn im Stier ist der bekannteste offene Sternhaufen. Er ist rund 390 Lichtjahre entfernt und enthält nicht sieben, sondern rund 200 Sterne.

Was sind Sternhaufen?

Wenn man aufmerksam den Himmel betrachtet, kann man schon mit bloßem Auge einige Stellen sehen, an denen besonders viele Sterne stehen. Eine solche Ansammlung von Sternen nennt man Sternhaufen. Der bekannteste Sternhaufen ist das Siebengestirn (auch Plejaden genannt) im Sternbild Stier. Es besteht jedoch nicht aus sieben, sondern aus rund 200 Sternen.

In den Sternentstehungsgebieten – großen Gaswolken, die in Einzelteile zerfallen – bilden sich mehr oder weniger starke Konzentrationen, aus denen Sonnen und Planetensysteme zu Hunderten und Tausenden in großen „Paketen“ entstehen. Daraus können „offene Sternhaufen“ wie das Siebengestirn werden. Diese sind nichts anderes als Familien junger Sonnen, die gemeinsam aus einer großen Wolke entstanden sind. Sie beginnen ihren Lebensweg zunächst gemeinsam, bevor der Sternhaufen sich dann auflöst.

Zu den schönsten Objekten des Weltalls gehören die Kugelsternhaufen, in denen nicht 100, sondern 100.000 oder eine Million Sterne konzentriert sind. In ihrem Zentrum sind die Sterne so dicht gepackt, dass es sogar gelegentlich zu Zusammenstößen kommt. Die meisten Kugelsternhaufen gehören zu den ältesten Objekten des Universums.

Dieser prächtige Doppelsternhaufen im Perseus ist trotz seiner Entfernung von über 8.000 Lichtjahren mit dem bloßen Auge zu sehen und enthält rund 1.000 Sterne.

Kugelsternhaufen enthalten über 100.000 Sterne, die im Zentrum des Haufens so konzentriert sind, dass es häufig zu Kollisionen kommt. Sie gehören zu den ältesten Objekten des Weltalls.

Die Milchstraße besteht aus Milliarden von fernen Sonnen. Diese Sterne gehören zu einer großen Welteninsel, unserer Galaxie, von der wir nur einen kleinen Teil überblicken können.

Wo ist unser Platz im Universum?

In einer sternklaren Nacht kann man leicht das silberne Band der Milchstraße am Himmel beobachten. Früher glaubten die Menschen, es sei die Milch einer Göttin, die über den ganzen Himmel verspritzt wurde. Betrachtet man die Milchstraße durch einen Feldstecher, so sieht man, dass sie aus lauter einzelnen Sternen besteht. Alle diese fernen Sonnen sind Bestandteile eines riesigen Systems – unserer Galaxie, des Milchstraßensystems.

Unsere Sonne ist nur ein durchschnittliches Sternchen am Rande dieser großen Welteninsel. Dunkle Stellen in der Milchstraße sind nicht etwa sternenleere Löcher. Es handelt sich vielmehr um große Staubwolken, die das Licht der dahinter liegenden Sterne verschlucken.

Das Milchstraßensystem muss man sich als rotierende Scheibe mit einer gewaltigen Verdichtung im Zentrum und vielen gekrümmten Armen vorstellen. Unsere Galaxie besteht aus rund 200 Milliarden Sternen sowie Gas, Staub und einer noch wenig erforschten so genannten Dunkelmaterie. Etwa 90 Prozent unserer Galaxis werden aus dieser geheimnisvollen Dunkelmaterie gebildet, in der die Sterne und Planeten nur eine kleine Minderheit sind.

Die Milchstraßenscheibe hat spiralförmige Verdichtungen, in denen besonders viele Sternentstehungsgebiete mit hellen, jungen Sonnen liegen. Diese Spiralarme würden von außen also heller als der Rest der Scheibe erscheinen. Um die Scheibe herum befindet sich eine Wolke aus Kugelsternhaufen, Einzelsternen, Gas und Dunkelmaterie, die man „Halo“ nennt.

Der Durchmesser der Scheibe beträgt rund 100.000 Lichtjahre, ihre Dicke liegt im Zentrum bei 18.000, am Rand bei 3.000 Lichtjahren. Unsere Sonne ist etwa 30.000 Lichtjahre vom galaktischen Zentrum ent-

Sternbeobachtung mit dem Fernglas

Mit einem guten Feldstecher lassen sich viele Wunder des Sternenhimmels beobachten. Ein Blick in die Milchstraße zeigt uns Tausende von fernen Sonnen. Viele Sternhaufen und Nebel bieten im Fernglas einen herrlichen Anblick. Um sie am Himmel zu finden, braucht man aber meistens eine Sternkarte oder einen Sternführer. Diese Hilfsmittel gibt es zum Beispiel in Buchhandlungen oder Planetarien.

fernt, das sie in 220 Millionen Jahren einmal umkreist. Im Scheibenzentrum vermuten Astronomen eine ungewöhnliche Materiekonzentration – ein gewaltiges Schwarzes Loch.

In den Außenbereichen der Scheibe, wo sich unsere Sonne mit ihren Planeten befindet, ist die Sternkonzentration so gering, dass die Nachbarsonnen Lichtjahre von uns entfernt sind. Zusammenstöße von Sternen können hier also kaum stattfinden. Blicken wir in Richtung der Scheibenebene, sehen wir viele Sterne und erkennen das Band der Milchstraße. Schauen wir senkrecht aus der Scheibe heraus, so sehen wir wenige Sterne des Systems. Unser Blick geht dann in die Tiefen des Alls, wo immer neue Überraschungen auf die Astronomen warten.

Von unserem Milchstraßensystem können wir nur einen ganz kleinen Teil direkt mit dem Fernrohr überblicken. Der Rest ist durch Staubmassen verdeckt. Es gehört zu den größten Leistungen der Astronomen, die Struktur unserer Galaxie erforscht zu haben. Noch zu Beginn des 20. Jahrhunderts hatte man von ihren Dimensionen keine Ahnung. Ihr Aufbau und ihre Rotation konnten erst mit Hilfe der Radioastronomie bestimmt werden.

Was ist die rätselhafte Dunkelmaterie?

Das Sonnensystem und unsere Galaxie haben eines gemeinsam: Sie besitzen im Zentrum eine große Massenkonzentration, um die Gestirne kreisen, die etwa in einer Ebene liegen. Je weiter ein Planet von der massereichen Sonne entfernt ist, umso langsamer kreist er um das Zentralgestirn. Die Erde hat eine durchschnittliche Bahngeschwindigkeit von 29,8 km/s, der viel weiter entfernte Pluto eine solche von 4,7 km/s.

Ein ähnliches Ergebnis hatten die Astronomen bei unserer Galaxis erwartet. Je weiter ein Scheibenstern vom Zentrum entfernt ist, umso langsamer sollte er sich um dieses bewegen. Dies ist jedoch nicht der Fall. Die äußeren Scheibensterne sind viel zu schnell. Diese Erscheinung kann man nur so erklären, dass es viel mehr Materie im Milchstraßensystem gibt, als bisher angenommen. Neben den sichtbaren Sternen und Gasnebeln muss es ungeheure Mengen von Dunkelmaterie geben. Diese ist nicht sichtbar und macht sich nur durch ihre Massenanziehung bemerkbar.

Viele Wissenschaftler nehmen an, dass die Dunkelmaterie fast ganz aus völlig unbekannten Elementarteilchen besteht. Es ist auch mög-

Das Milchstraßensystem ist eine große Scheibe aus rund 200 Milliarden Sternen, Gas, Staub und Dunkelmaterie. Unser Sonnensystem mit der Erde ist weit vom Scheibenzentrum entfernt.

Das Zentrum unseres Milchstrassensystems ist mit Teleskopen leider nicht zu beobachten. Dunkle Staubwolken verwehren uns den Durchblick. Wir können aber Infrarot- und Radiowellen aus dem Kernbereich empfangen. Die Bewegung der Sterne und Gasmassen dort deutet darauf hin, dass sich im Zentrum der Milchstraße ein Schwarzes Loch von etwa 3,7 Millionen Sonnenmassen befindet.

DIE FERNSTEN OBJEKTE, die man mit bloßem Auge beobachten kann, sind Galaxien. Am Südhimmel sind die **MAGELLANSCHEN WOLKEN** gut erkennbar – zwei Begleitergalaxien unseres Milchstraßensystems. Sie sehen wie Bruchstücke der Milchstraße aus und sind rund 200.000 Lichtjahre entfernt. Am Nordhimmel steht der **ANDROMEDANEBEL,** eine etwa 3 Millionen Lichtjahre entfernte Galaxie. Mit bloßem Auge sieht sie wie ein matter Lichtfleck aus.

lich, dass es sich um kleine Schwarze Löcher handelt. Andere Fachleute glauben, dass die Neutrinos (s. S. 6), winzige Elementarteilchen, eine kleine Masse haben. Da es sehr viele Neutrinos gibt, könnten sie die Dunkelmaterie bilden. Auch die so genannten Braunen Zwerge dürften in diesem Zusammenhang eine Rolle spielen. Dabei handelt es sich um kleine Sterne, die bei ihrer Bildung im Zentrum nicht heiß genug wurden, um die Kernfusion in Gang zu setzen. Sie wurden also nicht zu leuchtenden Sonnen, sondern erkalteten nach ihrer Entstehung, so dass sie schwer zu beobachten sind.

Gibt es auch andere Galaxien?

Bis zum Beginn unseres Jahrhunderts hielt man unser Milchstraßensystem für das einzige seiner Art. Heute wissen wir, dass den uns zugänglichen Teil des Alls vielleicht mehr als 100 Milliarden Galaxien bevölkern. Jede von ihnen hat Milliarden oder Billionen von Sternen und sicher auch unzählige Planeten, auf denen es vielleicht Leben gibt.

Die Galaxien haben sehr verschiedene Formen. Unser Milchstraßensystem ist eine so genannte Spiralgalaxie. Zu diesem Typ gehört auch der berühmte Andromedanebel. Es gibt auch Galaxien mit einem balkenförmigen Kern, die Balkenspiralen, oder Systeme, die wie mehr oder weniger abgeplattete riesige Kugelgebilde aussehen, die elliptischen Galaxien. Einige Milchstraßensysteme sind völlig chaotisch geformt. Man nennt sie irreguläre Galaxien.

Manche Galaxien haben Kerne, die besonders viel Strahlung aussenden. Man nimmt an, dass dort riesige zentrale Schwarze Löcher Materie verschlingen, die sich vor ihrem Verschwinden stark erhitzt und intensive Strahlung aussendet. Quasare sind wahrscheinlich junge, sehr aktive Galaxien, bei denen das zentrale Schwarze Loch noch viel zu „fressen" bekommt, bevor seine Umgebung leer gefegt ist. Quasare strahlen daher besonders stark. Sie gehören zu den am weitesten entfernten Objekten des Weltalls. Meist sieht man von ihnen daher nur den hellen Kern, der wie ein Stern wirkt, jedoch heller als Milliarden Sonnen ist.

Mit dem Hubble-Weltraumteleskop wurden viele Galaxien aufgenommen. Zunächst waren die Bilder wegen eines Optikfehlers noch unscharf.

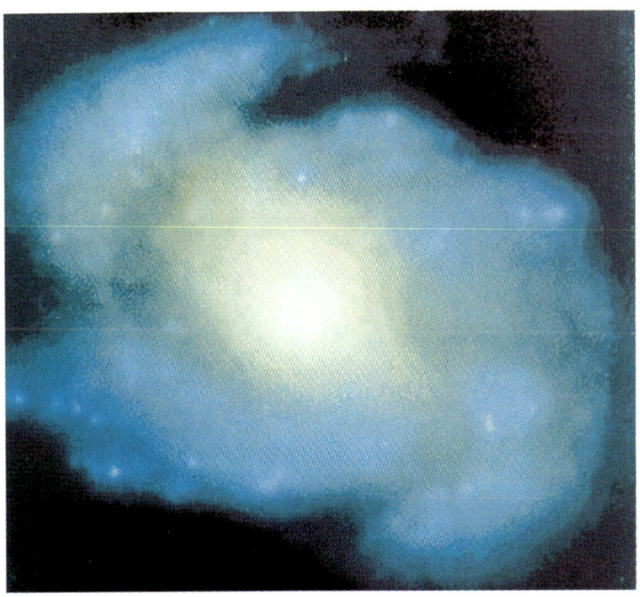

Nach der Reparatur des Hubble-Weltraumteleskops durch amerikanische Astronauten lieferte es gestochen scharfe Aufnahmen von fernen Galaxien.

Wie verteilen sich Galaxien im Raum?

Sterne und die sie umkreisenden Planeten bilden Familien oder, wie der Astronom sagt, Systeme. Erde und Mond sind zum Beispiel eine Kleinfamilie, die zum Sonnensystem gehört. Es gibt Familien mit zwei oder mehreren Fixsternen, die man Doppel- oder Mehrfachsterne nennt. Manche Sternhaufen haben 100, manche 100.000 Mitglieder. Galaxien sind Systeme, die aus Milliarden oder Billionen von Sonnen bestehen. Auch die Galaxien bilden kleine und große Familien.

Unser Milchstraßensystem etwa hat zwei kleine Begleiter, die Magellanschen Wolken, und gehört zu einer Familie von Galaxien, die man Lokale Gruppe nennt. Während diese nur etwa 30 Mitglieder hat, kennen wir Galaxienhaufen, in denen Tausende von Milchstraßensystemen versammelt sind. Der Virgo-Haufen mit seinen rund 6.000 Galaxien gehört dazu. Aber damit nicht genug: Die Galaxienhaufen bilden noch größere Systeme, so genannte

AMATEUR-ASTRONOMEN verfügen heute oft über so gute Geräte, dass sie Hunderte von Galaxien beobachten und fotografieren können. Viele schließen sich einem Astronomen-Verein an und engagieren sich in Volkssternwarten. Manche unternehmen auch „Astroreisen" in Länder, die günstige Beobachtungsbedingungen bieten.

Galaxientypen

Elliptische Galaxie

Spiralgalaxie

Balkenspirale

Elliptische Galaxie

Balkenspirale

Spiralgalaxie

Spiralgalaxie

Irreguläre Galaxie

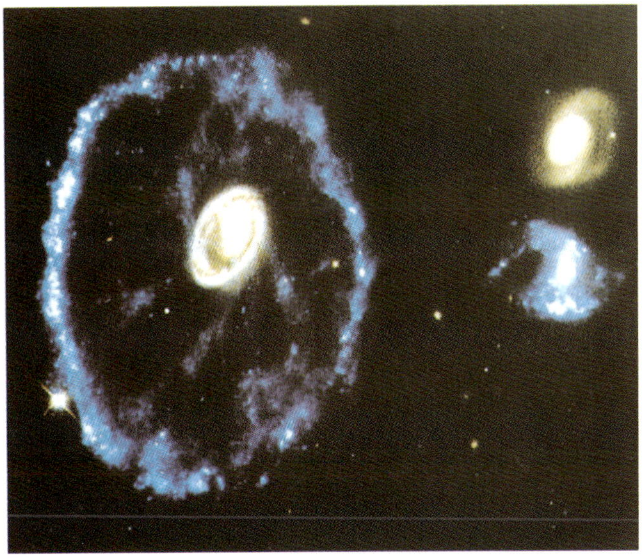

Galaxien können zusammenstoßen. Das Hubble-Weltraumteleskop hat hier so eine Kollision aufgenommen. Eine kleine, kompakte Galaxie ist durch ein anderes Milchstraßensystem hindurchgerast und hat es zu einem gewaltigen „Wagenrad“ verformt, in dem sich Millionen neuer Sterne bilden.

Blick in einen Galaxienhaufen. Manche dieser Systeme enthalten Tausende von großen und kleineren Milchstraßensystemen.

Superhaufen. Unsere Lokale Gruppe gehört zum Virgo-Superhaufen.

Diese Systeme sind zum Erstaunen der Wissenschaftler nicht gleichmäßig im Weltraum verteilt, sondern scheinen an den Wänden großer Blasen zu liegen. Zwischen diesen Wänden gibt es riesige, fast leere Zwischenräume. Die Blasenstruktur des Kosmos gehört zu den größten Entdeckungen des 20. Jahrhunderts. Im Zentrum großer Galaxienhaufen ballen sich die Sterneninseln besonders dicht. Es kommt nicht selten zum Zusammenstoß zweier Milchstraßensysteme. Große Galaxien verschlingen dabei viele Sterne ihres kleineren Partners. Man spricht dann vom „galaktischen Kannibalismus“.

Wie schnell bewegen sich die Galaxien?

Sieht man von einigen näheren Nachbarn wie dem Andromedanebel ab, so haben alle fernen Galaxien eines gemeinsam: Sie bewegen sich von uns weg, und zwar umso schneller, je weiter sie von uns entfernt sind. Das Weltall dehnt sich aus, es „expandiert“.

Man darf sich das aber nicht so vorstellen, als ob wir uns im Zentrum einer großen Explosion befänden, bei der die einzelnen Splitter und Brocken in alle Richtungen davonfliegen. Vielmehr dehnt sich der gesamte Raum aus, in den die Galaxien eingebettet sind – wie bei Rosinen in einem Hefeteig, der „aufgeht“: Alle Rosinen vergrößern ihren Abstand voneinander, ohne sich selbst aktiv zu bewegen. Trotzdem hätte man aber in jeder Rosine (oder Galaxie) den Eindruck, man befände sich im Zentrum einer Explosion und alle Splitter flögen von einem weg!

Die Galaxien-Superhaufen sind nicht gleichmäßig im All verteilt. Sie liegen zur Überraschung der Astronomen an den Wänden großer Blasen.

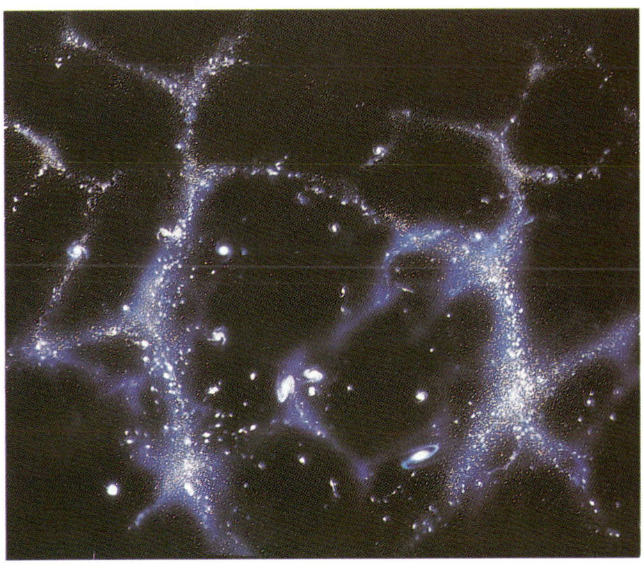

Das Weltall expandiert nach dem „Hubbleschen Gesetz“ (benannt nach seinem Entdecker, dem Astronomen Edwin Hubble): Doppelte Entfernung bedeutet doppelte Fluchtgeschwindigkeit. Die Geschwindigkeit der Galaxien steigt, je weiter sie entfernt sind. Die entferntesten Galaxien fliegen am schnellsten weg.

Wie aber kann man die Geschwindigkeiten der Galaxien messen? Hubble benutzte dazu den so genannten Doppler-Effekt (benannt nach dem österreichischen Physiker C. Doppler), den wir alle aus dem täglichen Leben kennen. Wenn ein Flugzeug auf uns zufliegt, erscheint uns sein Motorengeräusch höher, als wenn es sich von uns wegbewegt. Dies gilt ganz allgemein: Bewegt sich eine Schallquelle auf uns zu, ist ihr Ton höher oder kurzwelliger, bewegt sie sich von uns weg, ist ihr Ton tiefer oder langwelliger als im Ruhezustand. Aus dieser Änderung der Wellenlänge kann man auf die Geschwindigkeit der Schallquelle schließen. Etwas Ähnliches kennen wir vom Licht, das man ja auch als eine Wellenbewegung beschreiben kann. Bewegt sich ein Stern auf uns zu, so wird das Licht einer bestimmten Atomsorte umso kurzwelliger, je schneller der Stern ist. Bewegt er sich von uns weg, so wird das Licht langwelliger. Mit dieser Methode stellte man fest, dass sich viele Nachbarsterne von uns entfernen, andere dagegen auf uns zurasen. Bei den Galaxien ist das aber nicht der Fall! Praktisch alle fernen Milchstraßensysteme zeigen eine Wellenlängenvergrößerung. Als Doppler-Effekt gedeutet, heißt das, dass sich die Galaxien von uns fortbewegen.

Wenn sich die Galaxien voneinander entfernen, müssen sie früher einmal näher beieinander gewesen sein. Wissenschaftler vermuten, dass das ganze Weltall einmal ein konzentrierter, heißer Feuerball war, der sich dann ausdehnte und abkühlte. Den Beginn der Ausdehnung oder „Expansion“ nennen wir Urknall.

Edwin Hubble (1889-1953) war einer der größten Astronomen des 20. Jahrhunderts. Nach ihm wurde das Hubble-Weltraumteleskop benannt.

Edwin Hubble machte einige der bedeutendsten Entdeckungen der Astronomie. Der amerikanische Wissenschaftler arbeitete seit 1919 am Mount-Wilson-Observatorium in den USA. Er konnte als Erster beweisen, dass es außer unserem Milchstraßensystem auch noch andere Galaxien gibt. Seine bedeutendste Entdeckung war, dass das Weltall sich ständig weiter ausdehnt. Daraus konnte man schließen, dass es einen Urknall gegeben haben musste. Hubble erforschte außerdem die Gaswolken in unserem Milchstraßensystem.

Das Weltall dehnt sich aus, es expandiert. Je größer der Abstand zwischen zwei Galaxien ist, umso schneller entfernen sie sich voneinander.

Ein Anfang – und kein Ende?

Kometen sind riesige „schmutzige Schneebälle", die in Sonnennähe teilweise verdampfen und Staubteilchen verlieren. Aus diesem Material bildet sich der Schweif, der sehr schnell seine Form und Helligkeit ändern kann.

ALTERSBESTIMMUNG

Viele Atomkerne zerfallen mit einer bestimmten Geschwindigkeit in andere Kerne. Uran 238 etwa, eine bestimmte Art Uran, zerfällt zu Blei. Nach 4,47 Milliarden Jahren sind von einem Gramm Uran 238 nur noch 0,5 Gramm übrig. Enthält ein Stein Uran 238, zeigt das Verhältnis Uran-Blei sein Alter an. Wenn die Hälfte des Urans zerfallen ist, ist der Stein 4,47 Milliarden Jahre alt.

Wie alt ist unser Sonnensystem?

Wenn man über die Jahre hinweg den Himmel betrachtet, kann leicht der Eindruck entstehen, dass die Sterne und Planeten sich überhaupt nicht verändern. Schon die alten Römer und Griechen haben ja den Großen Wagen beobachtet, kannten die Venus als Abend- oder Morgenstern und freuten sich über das milde Licht des Vollmondes. Unverändert seit Jahrtausenden ist das Sternbild Skorpion bekannt.

Und doch kann man schon in einem kurzen Menschenleben Veränderungen im Weltall beobachten. Gelegentlich zieht ein Komet über den Himmel, entfaltet seinen herrlichen Schweif und verschwindet wieder. Ab und zu wird ein lichtschwacher Stern milliardenmal heller als zuvor: Man beobachtet eine gewaltige kosmische Explosion – den Ausbruch einer Supernova. Aber auch noch ganz andere Beobachtungen zeigen uns, dass es Veränderungen im Weltall gibt, dass Sterne und Planeten entstehen und vergehen.

Auf unserer Erde gibt es zum Teil sehr junge, zum Teil aber auch sehr alte Gesteine. Mit unseren heutigen Methoden können wir das Alter von Gesteinsproben bestimmen, selbst wenn sie 10 Milliarden Jahre alt wären. Man hat jedoch nie Steine auf unserem Planeten gefunden, die älter als etwa 4 Milliarden Jahre sind. Ähnliches gilt für den Mond und Meteorite (das sind Brocken, die aus den verschiedensten Regionen des Sonnensystems stammen und auf die Erde fallen). Einige von ihnen wurden bei Kollisionen vom

Meteorite sind Bruchstücke größerer Himmelskörper, die bei Zusammenstößen oder Explosionen weggesprengt wurden. Meist bestehen sie aus Stein oder aus Eisen.

Die amerikanischen Apollo-Astronauten brachten Mondgestein mit, dessen Alter man im Labor bestimmen kann.

Mars abgesprengt, andere sind Bruchstücke von Kleinplaneten (Asteroiden). Sie sehen sehr unterschiedlich aus, haben jedoch eines gemeinsam: Sie sind nie älter als etwa 4,5 Milliarden Jahre.

Egal, wo wir Proben aus unserem Sonnensystem entnehmen – sie scheinen immer ein bestimmtes Höchstalter zu haben. Daraus kann man schließen, dass unsere unmittelbare Heimat im Weltall, unser Sonnensystem mit seinen Planeten und Monden, nicht viel älter als 4,5 Milliarden Jahre sein kann.

Aber es gibt noch einen weiteren Grund anzunehmen, dass das Alter unseres Sonnensystems begrenzt ist: Der Brennstoffvorrat unserer Sonne reicht „nur" für 11 Milliarden Jahre. Nach dieser Zeit ist der Wasserstoff im Zentrum verbraucht. Das Sonnensystem kann also gar nicht älter als 11 Milliarden Jahre sein. Viele Anzeichen sprechen dafür, dass es knapp 5 Milliarden Jahre alt ist und noch etwa 6 Milliarden Jahre vor sich hat.

Ist unsere Galaxie unendlich alt?

In neuerer Zeit haben Astronomen Methoden entwickelt, das Alter von Sternhaufen zu ermitteln. Man weiß, dass massereiche Sterne nur kurz leben, kleine, lichtschwache Sonnen dagegen sehr lange. Befinden sich in einem Sternhaufen noch massereiche, kurzlebige Sterne, so kann er also nicht sehr alt sein, da alle seine Mitglieder etwa gleichzeitig entstanden. Sind dagegen in einem Sternhaufen

Das Zentrum eines Kugelsternhaufens, aufgenommen vom Weltraumteleskop. Diese Sternsysteme helfen den Astronomen, das Alter unserer Galaxie abzuschätzen. (Kleines Bild: Gesamtansicht des Kugelhaufens)

ATOME werden oft mit Sonnensystemen verglichen: Der Atomkern ist die „Sonne", die Elektronen sind die „Planeten", die sie umkreisen. Anders als Planeten können sich Elektronen aber nur auf ganz bestimmten Bahnen bewegen.

DER ATOMKERN ist so winzig, dass er meist größer abgebildet wird (so auch auf dem Bild unten). Stellt man sich den Atomkern als Kirsche vor, ist das ganze Atom mit seinen Elektronenschalen so groß wie der Kölner Dom!

alle massereichen und mittelgroßen Sonnen verschwunden, muss er sehr alt sein. Unsere Milchstraßenscheibe ist von Kugelsternhaufen umgeben. Astronomen haben deren ungefähres Alter auf die oben beschriebene Weise ermittelt. Die Werte waren erstaunlich! Die Kugelsternhaufen müssen vor über 12 Milliarden Jahren entstanden sein. Damit sind sie die ältesten Objekte des Milchstraßensystems, das also ebenfalls weit über 10 Milliarden Jahre (aber nicht unendlich) alt ist.

Das Milchstraßensystem hat also ein endliches Alter und existiert viel länger als unser Sonnensystem. Dies zeigt sich auch daran, dass Sonne und Erde Stoffe enthalten, die am Anfang noch gar nicht vorhanden waren, sondern sich erst in den ersten Jahrmilliarden nach der Entstehung des Weltalls bildeten.

Auf Seite 19 haben wir gesehen, dass sich die Galaxien voneinander entfernen und das Weltall sich ständig ausdehnt. Bei vielen Galaxien wissen wir ungefähr, wie weit sie von uns entfernt sind und können die Geschwindigkeit messen, mit der sie sich von uns fortbewegen. Dadurch können wir zumindest überschlagen, wann die Ausdehnung begonnen hat, also wann das Weltall in seiner heutigen Form entstanden sein muss. Man kommt auf ungefähr 15 Milliarden Jahre. Diese Zahl ist aber ungenau, da man nicht weiß, wie sich die Ausdehnungsgeschwindigkeit im Laufe der Zeit verändert hat. Auch die Entfernungen der Galaxien kann man nicht sehr genau messen. Die verschiedenen „Einheitskerzen", die man dazu benutzt, führen zu verschiedenen Ergebnissen, was immer wieder für Verwirrung und Diskussionen sorgt.

Wie hat der Kosmos angefangen?

Wenn sich die Galaxien voneinander entfernen, so müssen sie früher näher beieinander gewesen sein. Zu einem noch früheren Zeitpunkt muss die Materie des Weltalls äußerst konzentriert und, nach den Gesetzen der Physik, auch sehr heiß gewesen sein. Da Planeten, Sterne und auch Atome bei extrem hohen Temperaturen nicht existieren können, war das junge Universum am Anfang wohl nur ein Gemisch aus heißen, dicht gepackten Elementarteilchen und energiereicher Strahlung.

Elementarteilchen sind noch kleiner als Atome. Atome bestehen aus drei Bestandteilen: Den Kern bilden Protonen und Neutronen, die Nukleonen (von lateinisch „nucleus": Kern). Die Hüllen bestehen aus Elektronen. Protonen haben eine positive elektrische Ladung, Elektronen eine negative. Neutronen sind

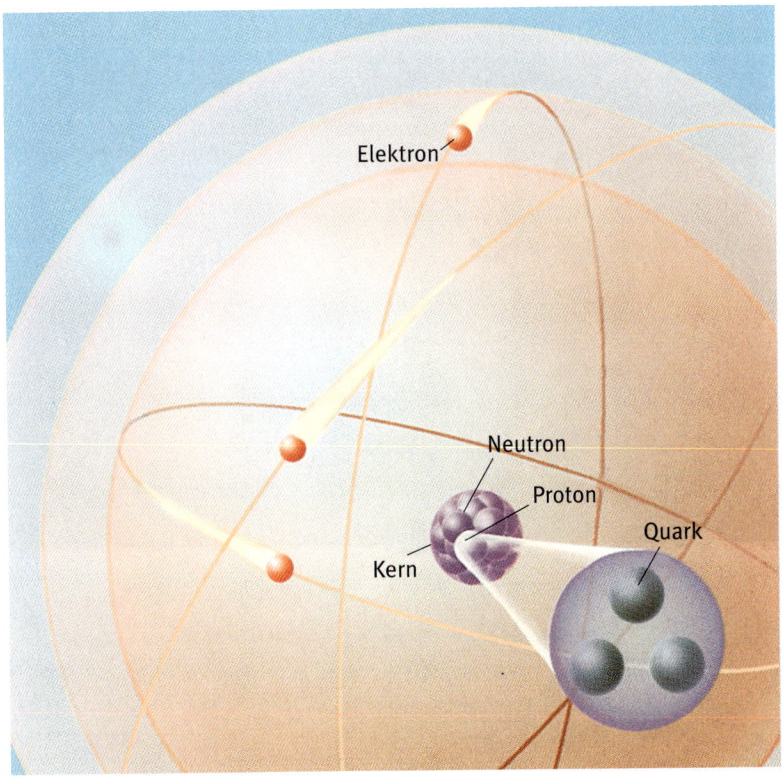

Ein Atom besteht aus Elektronen, die einen winzigen Kern umhüllen. Dieser enthält Protonen und Neutronen, die ihrerseits aus noch kleineren Teilchen, den Quarks, zusammengesetzt sind.

nicht elektrisch geladen, also „neutral". Protonen und Neutronen bestehen ihrerseits wieder aus kleineren Teilchen, den Quarks. Die Elektronen und Quarks sind nach unserem heutigen Wissen nicht mehr teilbar und werden Elementarteilchen genannt.

Spult man den „Film" über die Geschichte des Weltalls noch weiter zurück, ergibt sich etwas Erstaunliches: Zum Zeitpunkt Null muss das Weltall ein unendlich dichter und heißer Punkt gewesen sein, den die Physiker „Singularität" nennen. Diese muss dann begonnen haben, sich explosionsartig auszudehnen und abzukühlen. Man nennt dieses Anfangsereignis Urknall oder Big Bang (englisch: „Großer Knall"). Aus der Physik kennen wir solche Singularitäten nicht. Wir wissen darum immer noch nicht genau, was sich in den ersten Sekundenbruchteilen der Entstehung des Alls abgespielt hat.

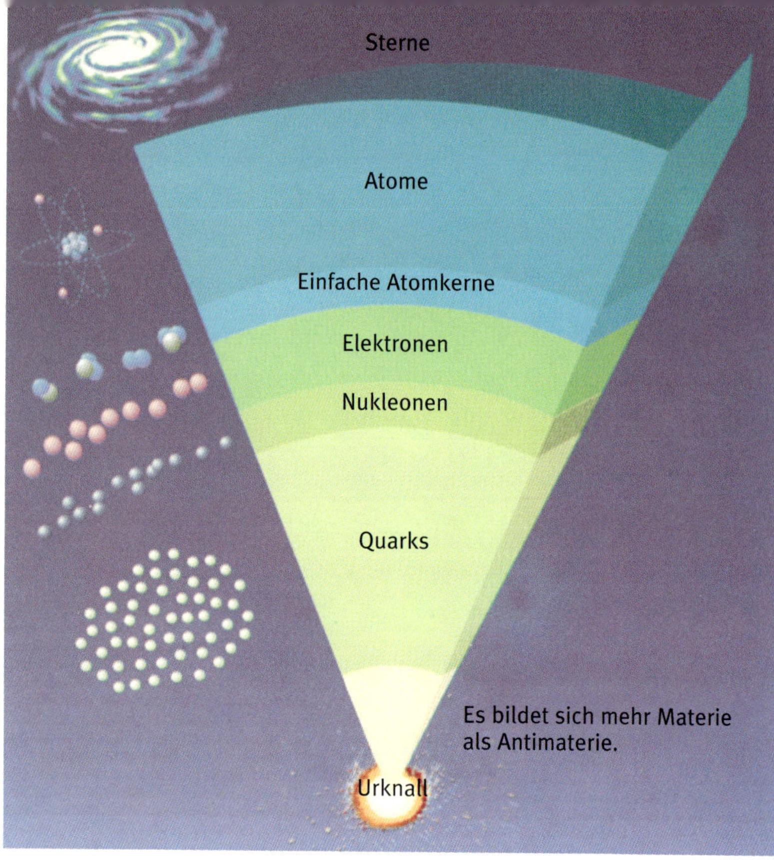

Dieses Schema zeigt die Geschichte des Weltalls, die mit dem Urknall begann. Nach und nach entstanden die bekannten Elementarteilchen, Kernbausteine und einfache Atomkerne, später Atome und Sterne.

Was sind die vier Naturkräfte?

Die meisten Wissenschaftler sind sich über das Geschehen nach dem Urknall einig: Im Laufe der Zeit entstanden Atome, Sonnen, Planeten und schließlich – zumindest auf unserer Erde – Lebewesen. Die Weichen für unser Universum wurden aber schon ganz am Anfang gestellt, in den ersten Sekundenbruchteilen nach dem Urknall. Um zu verstehen, was in jener unvorstellbar kurzen Zeit geschah, müssen wir wissen, dass alles im Weltall von vier Kräften zusammengehalten wird: der Schwerkraft, der elektromagnetischen Kraft sowie der starken

Kurz nach seiner Entstehung soll sich das junge Universum extrem schnell aufgebläht haben. Diesen hier als Grafik dargestellen Vorgang, für den viele Beobachtungen sprechen, nennt man Inflation.

Zehnerpotenzen

Viele Zahlen in der Astronomie sind so ungeheuer groß, dass wir sie schwer in Sprache fassen können. Statt etwa eine Zahl mit 12 Nullen zu schreiben, benutzen Physiker deshalb die so genannten Zehnerpotenzen. Das System ist ganz einfach: Eine 1 mit 3 Nullen (1.000) nennt man „10 hoch drei" und schreibt 10^3, eine 1 mit 9 Nullen 10^9 und eine 1 mit 18 Nullen 10^{18}. Ein Beispiel: Die Sonne ist 149 Millionen km oder 149.000.000 km entfernt. Das sind 149 x 10^6 km.

und schwachen Wechselwirkung (oder Kraft). Die Schwerkraft oder Gravitation lässt einen Stein zur Erde fallen oder den Mond um die Erde kreisen. Durch die elektromagnetische Kraft ziehen sich elektrische Ladungen an oder stoßen sich ab. Die beiden anderen Kräfte, die starke und die schwache Wechselwirkung, wirken nur auf kurze Distanz, sind aber sehr wichtig. Die starke Wechselwirkung sorgt dafür, dass die Quarks in den Protonen und Neutronen und diese in den Atomkernen festgehalten werden und zusammenbleiben. Man spricht hier auch von der Kernkraft, welche die Atomkerne stabil hält. Die schwache Wechselwirkung wurde von den Physikern zunächst eingeführt, weil man ohne sie viele radioaktive Zerfallsprozesse nicht hätte verstehen können. Mittlerweile hat man sie auch nachgewiesen. Während die starke Wechselwirkung und die elektromagnetische Kraft nur bestimmte Partikel beeinflussen, wirken Gravitation und schwache Wechselwirkung auf alle Elementarteilchen.

Was geschah in der Anfangszeit des Universums?

Die Wissenschaftler versuchen sich vorzustellen, was sich in den ersten 10^{-43} Sekunden – das sind 0,000 000 000 000 000 000 000 000 000 000 000 000 000 000 1 Sekunden – nach dem Beginn des Alls abspielte. 10^{-43} Sekunden nach dem Anfang soll das Universum die unvorstellbare Temperatur von 10^{32} Grad gehabt haben und nur 10^{-33} Zentimeter groß gewesen sein, also viel kleiner als ein Elementarteilchen. Auch Druck und Dichte hatten unvorstellbare Werte. Die Physiker nehmen an, dass es unter diesen Bedingungen nur eine einzige Urkraft und eine einzige Teilchensorte geben konnte, auf die diese Urkraft wirkte. Das junge Weltall war also zunächst sehr einfach aufgebaut.

Das Universum begann sich nun auszudehnen und damit abzukühlen. Zum Zeitpunkt 10^{-43} Sekunden spaltete sich die zunächst einzige Kraft in zwei Kräfte auf: die

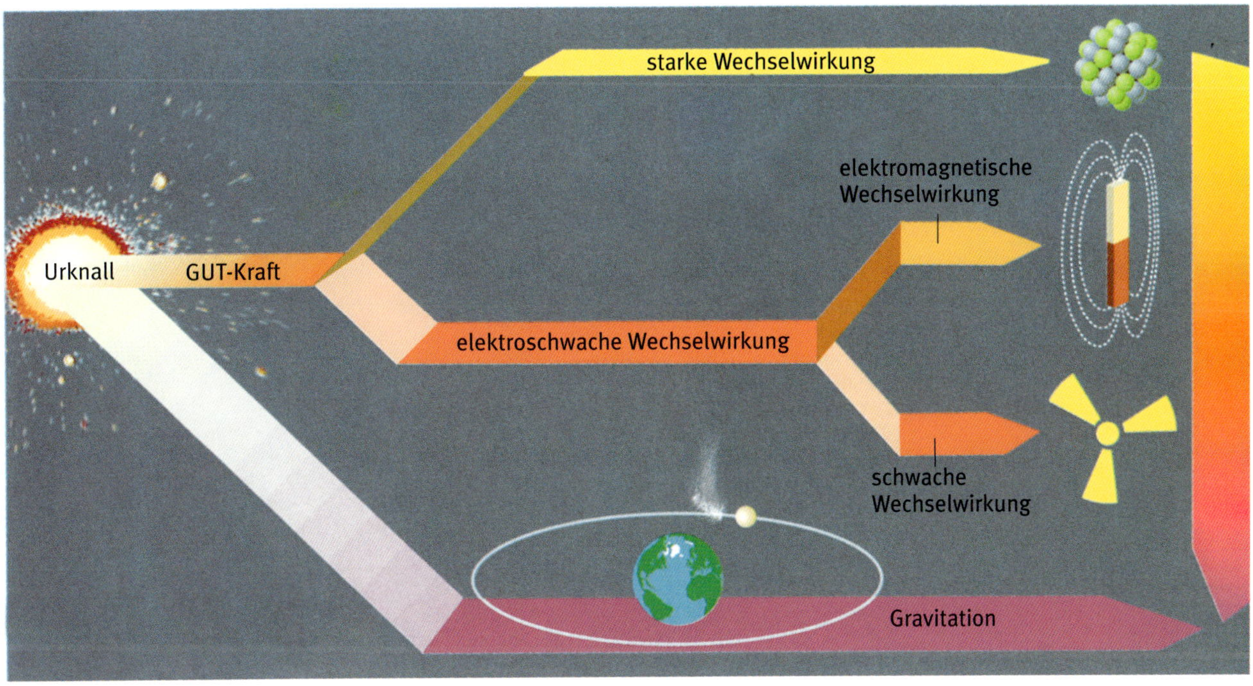

Aus einer Urkraft sollen nach und nach die vier bekannten Naturkräfte entstanden sein.

Für sehr kleine Zahlen benutzen die Wissenschaftler NEGATIVE ZEHNERPOTENZEN. 1/1.000 nennt man zum Beispiel 10^{-3}, ausgesprochen „zehn hoch minus drei". Entsprechend ist 1/1.000.000 10^{-6}. Ein Atomkern ist etwa 1/1.000.000.000.000 cm oder 10^{-12} cm groß. Eine millionstel Sekunde kann man auch als 10^{-6} Sekunden bezeichnen.

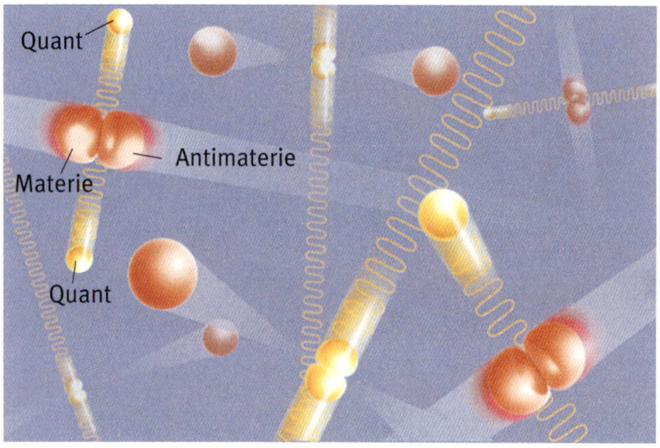

Treffen Materie- und Antimaterieteilchen zusammen, so vernichten sie sich gegenseitig und wandeln sich in Energie in Form von Strahlungsteilchen, so genannten Quanten, um.

Gravitation und die so genannte „GUT"-Kraft. Von dieser trennte sich bei weiterer Abkühlung nach rund 10^{-35} Sekunden die starke Wechselwirkung ab. Es blieb die so genannte elektroschwache Kraft übrig, die sich nach 10^{-12} Sekunden in die elektromagnetische und die schwache Kraft aufspaltete.

Mit den vier Naturkräften bildeten sich auch die verschiedenen Elementarteilchen heraus. Schon ganz am Anfang wurde das zunächst einfache Weltall also immer vielseitiger. Etwa zwischen 10^{-35} und 10^{-32} Sekunden nach dem Urknall dehnte sich das junge Universum wahrscheinlich ganz extrem schnell aus. Diesen Vorgang nennt man Inflation (nach englisch „inflate" – aufblasen). In diesem kurzen Zeitraum soll sich das Weltall so vergrößert haben, dass sein Rauminhalt danach 10^{90} mal größer war als vorher.

Nach nur einer tausendstel Sekunde verschwand fast die ganze Materie und verwandelte sich in Strahlung. Dazu muss man wissen, dass es nicht nur Quarks und Elektronen, sondern auch Antiquarks und Antielektronen gibt. Zu jedem Teilchen gibt es ein Antiteilchen, das aus so genannter Antimaterie besteht. Trifft ein Teilchen auf sein Antiteilchen, so zerstören sich die beiden in einem Strahlungsblitz. Eine tausendstel Sekunde nach dem Urknall vernichteten sich auf diese Weise fast alle Quarks und Antiquarks gegenseitig. Da aber ganz am Anfang etwas mehr Materie als Antimaterie gebildet wurde, blieben einige Quarks übrig, die keinen Partner fanden, mit dem sie sich in Strahlung verwandeln konnten. Je drei dieser übrig gebliebenen Quarks schlossen sich zu einem Proton oder einem Neutron zusammen. Damit waren die Bausteine für die späteren Atomkerne entstanden. In den nun folgenden Minuten vernichteten sich fast alle Elektronen und Antielektronen. Die übrig bleibenden Elektronen schwirrten zunächst frei herum, später bildeten sie Hüllen, welche die Atome umgeben.

Wie entstanden die Atome?

Als sich in den ersten Minuten nach der Entstehung des Alls die Bestandteile der Atome bildeten, waren die Grundbausteine für alle Sterne, Planeten und Lebewesen bereits vorhanden. Drei Minuten nach dem Ur-

PLASMA nennt man ein Gemisch aus Atomkernen und freien Elektronen, wie es in den ersten 300.000 Jahren unseres Weltalls vorlag. Dieses Urgemisch ist undurchsichtig. Atome hingegen sind eigentlich durchsichtig, auch wenn sie Licht bestimmter Wellenlängen verschlucken. Das junge Weltall wurde also erst durchsichtig, als sich die Atome gebildet hatten – bis dahin war es völlig undurchsichtig.

DIE ABKÜRZUNG GUT kommt von der englischen Bezeichnung „Grand Unified Theory" – Theorie von der Einheit der Kräfte. „Grand" bedeutet „groß", „to unify" „vereinheitlichen".

Nach Ansicht vieler Wissenschaftler bildete sich unsere Galaxie aus einer etwa kugelförmigen Gaswolke (links). In dieser entstanden die Kugelhaufen (Mitte). Der Rest wurde zur Milchstraßenscheibe (rechts).

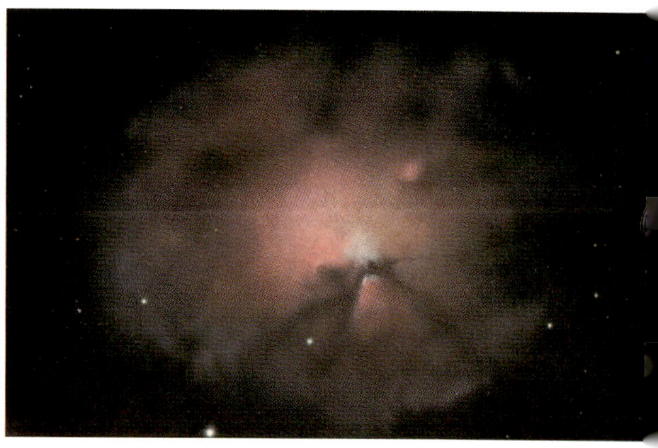

Der Kern des normalen Wasserstoffs ist ein Proton.

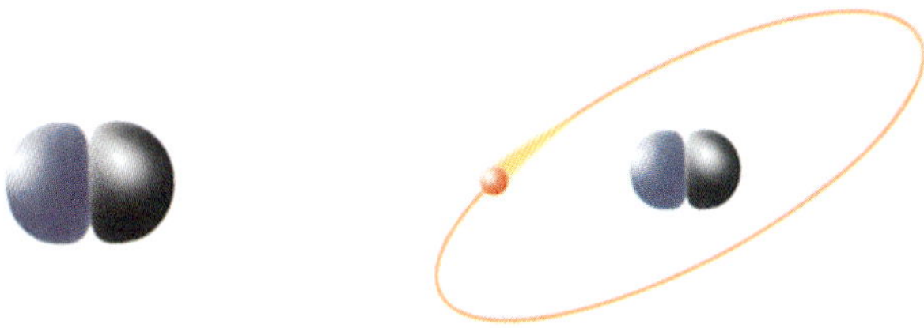

Kern des schweren Wasserstoffs: Proton + Neutron

Heliumkern: 2 Protonen + 2 Neutronen

Direkt nach dem Urknall gab es noch keine Atome. Zunächst entstanden aus Protonen und Neutronen einfache Atomkerne. Diese fingen Elektronen ein und bildeten so die ersten vollständigen Atome. Das Wasserstoffatom ist das einfachste Atom: Es besteht nur aus einem Proton und einem Elektron.

knall war unser Universum ein etwa eine Milliarde Grad heißes Gemisch aus Strahlung, Protonen, Neutronen und Elektronen sowie anderen Teilchen, zum Beispiel Neutrinos.

Die Nukleonen (die Protonen und Neutronen) verschmolzen in der nächsten halben Stunde zu kleinen Atomkernen. Es entstanden die einfachsten Kerne, nämlich die des Wasserstoffs und Heliums, sowie Spuren eines anderen chemischen Grundstoffs, des Lithiums. Schwere Atomkerne wie des Eisens oder Sauerstoffs konnten sich zunächst nicht bilden. Sie entstanden erst viel später im Innern von Sternen.

In den nächsten 100.000 Jahren kühlte sich das Weltall immer mehr ab, nach 300.000 Jahren war es nur noch rund 3.000 Grad heiß. Bei dieser Temperatur konnten sich vollständige Atome bilden. Die Atomkerne fingen Elektronen ein, die von nun an die Kerne umgaben. Vorher, bei höheren Temperaturen, wäre das nicht möglich gewesen. Die Temperatur ist ja ein Ausdruck dafür, wie viel Energie Teilchen haben und wie schnell sie durcheinander fliegen. Bei sehr hohen Temperaturen prallen die Atome so stark zusammen, dass die Elektronen von den Kernen abgesprengt und damit die vollständigen Atome zerstört werden.

Wie bildeten sich die Galaxien?

Vieles spricht dafür, dass es im jungen Weltall schon sehr früh zu Materiekonzentrationen kam, die einen ähnlichen Aufbau hatten wie die großen Blasen, an deren Wänden sich die Galaxien befinden (siehe Seite 19). Wahrscheinlich bildeten sich in diesen Regionen die Galaxien. Ihre Entstehung wurde durch die starken An-

Blick in eine ferne Vergangenheit: Das Hubble-Weltraumteleskop erkennt fernste Galaxien, die wir so sehen, wie sie vor Jahrmilliarden in der Frühzeit des Alls aussahen.

ziehungskräfte der geheimnisvollen Materiekonzentrationen gefördert.

Da, wo heute unsere Galaxie mit ihren Milliarden Sternen ist, gab es nach Ansicht vieler Wissenschaftler zunächst nur eine große, langsam rotierende Kugel aus Wasserstoff, Helium und Dunkelmaterie. In dieser Kugel bildeten sich die ersten Sternfamilien, die Kugelsternhaufen. Der Rest der Gaskugel zog sich immer mehr zusammen und drehte sich dabei immer schneller. Schließlich plattete sich die junge Galaxie durch Fliehkräfte zu einer großen Scheibe ab. Wir haben diesen Vorgang in kleinerem Maßstab schon bei der Entstehung von Sternen kennen gelernt (siehe Seite 9). In der Mitte der Scheibe bildete sich eine große Verdichtung mit vielen Sternen, genau im Zentrum vielleicht sogar ein gewaltiges Schwarzes Loch, das die Materie seiner Umgebung zu verschlingen begann und dabei immer massereicher wurde. In der Scheibe bildeten sich immer wieder Verdichtungen, aus denen Gruppen von Sternen entstanden. Auch in unserer Zeit entstehen in der galaktischen Scheibe noch neue Sonnen, auch wenn dies seltener als am Anfang stattfindet.

Noch heute kann man die Entstehungsgeschichte unseres Milchstraßensystems an seiner Form ablesen. Um das dichte Zentrum dreht sich die Scheibe. Sie ist von Kugelsternhaufen umgeben, die wie zu Urzeiten kugelförmig angeordnet sind. In der Scheibe wurden in den folgenden Jahrmilliarden immer wieder neue Sterne geboren. Viele von ihnen können 50 Milliarden Jahre lang leuchten. Nicht so jedoch die massereichen Sterne: Sie bildeten in ihrem kurzen Sternenleben immer schwerere Atomkerne wie die des Eisens, Sauerstoffs oder Kohlen-

Chemische Elemente

Fast alle Materie ist aus chemischen Elementen (oder Grundstoffen) wie Eisen, Sauerstoff oder Wasserstoff aufgebaut. Sie entstehen durch das Zusammentreffen von Atomkernen. Wenn zum Beispiel drei Heliumkerne etwa gleichzeitig zusammentreffen, kann sich aus ihnen ein Kohlenstoff-Atomkern bilden.

Die Zahl der Protonen

im Atomkern bestimmt, zu welchem Element der Kern gehört. Wasserstoffatome haben 1 Proton, Kohlenstoffatome 6 und Uranatome 92 Protonen in ihren Kernen. Jeder Atomkern mit 6 Protonen ist ein Kohlenstoffkern, egal wie viele Neutronen er hat. Verbindungen von mehreren Atomen nennt man Moleküle.

Hier ist ein alter massereicher Stern am Ende seines Lebens explodiert. Die äußeren Hüllen der Supernova rasen auseinander, ihr Kern kann zu einem Neutronenstern oder Schwarzen Loch werden.

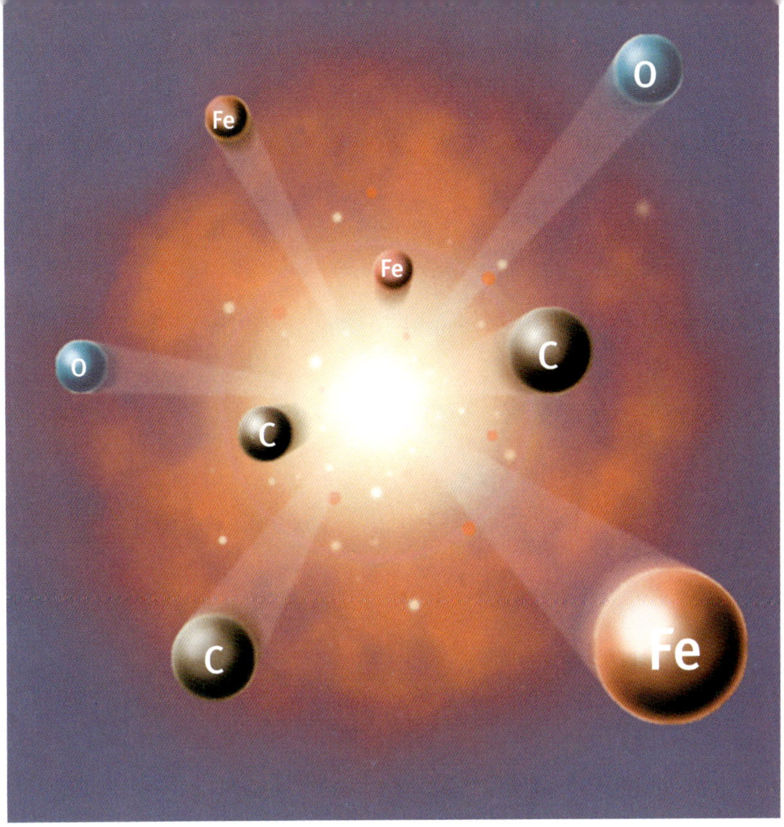

Bei einem Supernova-Ausbruch werden schwere Atomkerne (Kohlenstoff C, Sauerstoff O, Eisen Fe) freigesetzt, die es am Anfang des Universums noch nicht gab. Diese Kerne wurden im Inneren des Sterns gebildet.

stoffs. Wenn diese Sterne mit einem Supernova-Ausbruch verglühten, schleuderten sie die schweren Atomkerne ins Weltall. Während einer solchen Supernova-Explosion bildeten sich außerdem noch schwerere Atomkerne wie jene des Urans. Indem sie sich Elektronen einfingen, bildeten die schweren Atomkerne schließlich komplette Atome. So begann sich das Gas in unserer Galaxie langsam mit Kohlenstoff, Sauerstoff, Stickstoff und Eisen anzureichern.

Auch hier ist eine Supernova ausgebrochen. Noch Jahrtausende nach diesem Ereignis erkennt man die Reste des untergegangenen Sterns, die sich mit dem umgebenden Gas vermischen.

Als vor rund 4,6 Milliarden Jahren unser Sonnensystem entstand, gab es also schon jene Stoffe, die für einen Planeten wie unsere Erde unabdingbar sind. Jeder Kohlenstoff-Atomkern in unserem Körper ist einmal in einem Stern entstanden, der lange vor unserer Zeit leuchtete und schließlich seine äußeren Hüllen langsam abstieß oder explodierte. Dabei wurden schwere chemische Elemente wie Kohlenstoff freigesetzt, ohne die Leben nicht hätte entstehen können. Jetzt verstehen wir auch, warum die Sonne viel jünger als das Weltall sein muss (siehe Seite 22). Sie enthält Stoffe, die direkt nach dem Urknall noch nicht da waren und erst im Lauf von Jahrmilliarden gebildet werden mussten!

Die Einzelheiten der Galaxienbildung werden von den Wissenschaftlern nach wie vor diskutiert und es ist möglich, dass es hier noch große Überraschungen geben wird. Das Hubble-Weltraumteleskop, das erst in den letzten Jahren manche der weit entfernten Galaxien erspäht hat, zeigt etwa, dass sich Galaxien auch aus kleineren Sternansammlungen gebildet haben können, die sich zusammenschlossen. Viele der Gebilde aus Milliarden Sonnen wurden auch durch Zusammenstöße mit anderen Galaxien verformt oder zerstört.

Wie entstand unser Sonnensystem?

Die Milchstraße war rund 7 Milliarden Jahre alt, als unser Sonnensystem vor rund 4,6 Milliarden Jahren vermutlich in einem Sternentstehungsgebiet entstand, in dem sich auch Tausende von anderen Sternen bildeten. Da, wo heute unser Sonnensystem mit seinen Planeten und Monden ist, war zunächst eine langsam rotierende Gas- und Staubwolke. Sie enthielt neben Wasserstoff und Helium auch einen kleinen Prozentsatz von schweren Elementen wie Eisen oder Kohlenstoff.

Diese Urwolke zog sich zusammen, da ihre Bestandteile sich gegenseitig anzogen, und drehte sich dabei immer schneller um sich selbst. Schließlich plattete sie sich zu einer Scheibe ab, deren Zentrum die Sonne gebar. Teile der Scheibe ballten sich zu Brocken zusammen, die allmählich zu Planeten anwuchsen. Je massereicher ein Brocken war, desto mehr Materie konnte er aus seiner Umgebung anziehen. Die intensive Strahlung der jungen Sonne pustete große Mengen leichten Wasserstoffs in die äußeren Bereiche des entstehenden Sonnensystems. Dort bildeten sich um kleinere Brocken herum große Wasserstoffkugeln, aus denen Planeten wie Jupiter und Saturn entstanden.

Dass unser Planetensystem einmal aus einer Scheibe hervorgegangen sein muss, können wir an seiner Form ablesen. Alle großen Planeten befinden sich ungefähr in einer Ebene, der Ebene der Urscheibe. Sie alle haben auch dieselbe Drehrichtung, nämlich diejenige der Urscheibe.

Hier entsteht wahrscheinlich vor unseren Augen aus einer großen Scheibe ein Planetensystem! Diese Aufnahme gelang dem Hubble-Weltraumteleskop.

Unsere Erde liegt im inneren Bereich unseres Sonnensystems und hat eine für das Weltall ganz untypische Zusammensetzung. Sie verfügt über viel Silizium und Sauerstoff und hat einen Kern aus Eisen. Diese schweren Stoffe blieben bei der Entstehung unseres Sonnensystems im inneren Bereich zurück, während leichtere Stoffe wie Wasserstoff durch die intensive Sonnenstrahlung nach außen gepustet wurden.

Die Entstehung des Sonnensystems: Eine Gas- und Staubwolke beginnt sich zusammenzuziehen. Sie plattet sich zur Scheibe ab. In der Mitte entsteht die Sonne, aus dem Scheibenmaterial die Planeten.

Die Erde vor rund vier Milliarden Jahren: Die Uratmosphäre und erste Ozeane haben sich gebildet. Ununterbrochen schlagen Meteorite ein. In der Atmosphäre bilden sich organische Stoffe.

Kam das Leben aus dem Weltall?

Manche Wissenschaftler glauben, dass Lebenskeime oder winzige einzellige Lebewesen, eingeschlossen in Bruchstücke von Kometen oder Meteoriten, aus dem Weltall auf unseren Planeten kamen. Ganz ausschließen kann man diese Möglichkeit nicht. Das Rätsel um die Entstehung des Lebens wäre damit aber nicht gelöst, sondern nur auf einen anderen Planeten verlagert.

Warum gibt es Leben auf der Erde?

Wahrscheinlich war unsere Erde zunächst ein glutflüssiger Ball. Ihre hohe Temperatur rührte daher, dass sie anfänglich viele stark strahlende radioaktive Stoffe enthielt, die sehr viel Energie freisetzten. Auch durch das Zusammenschrumpfen der Materie und durch Einschläge kleinerer Meteoriten wurden der jungen Erde große Energiemengen zugeführt. Die schweren Stoffe wie Nickel und Eisen sanken in der glutflüssigen Erde nach unten und bildeten den Erdkern. Darüber entstand der Erdmantel und außen die Erdkruste, die schließlich erkaltete und fest wurde. Aus Tausenden von Vulkanen, Ritzen und Spalten quollen Gase. Die erste Uratmosphäre begann sich zu bilden, in der sich Stoffe wie Methan oder Wasserdampf befanden. In gewaltigen Wolkenbrüchen stürzte nach weiterer Abkühlung das Wasser auf unseren jungen Planeten und sammelte sich in den ersten Urozeanen.

In der Uratmosphäre konnten sich durch die Einwirkung der Sonnenstrahlung große Moleküle, also Grundbausteine des Lebens, bilden. Aus ihnen gingen wahrscheinlich vor 3,6 Milliarden Jahren die ersten primitiven einzelligen Lebewesen hervor. Diese fanden in den Urozeanen Schutz vor der starken Sonnenstrahlung. So wurde die Erde zum Planeten des Lebens.

Später entwickelten sich auch mehrzellige Lebewesen. Vor 500 Millionen Jahren gingen die ersten Lebewesen an Land, da sich inzwischen eine Luftschicht – die Ozonschicht – gebildet hatte, die sie vor

den gefährlichen Teilen der Sonnenstrahlung an Land schützte. Besonders in diesen letzten 500 Millionen Jahren entstanden unzählige Lebensformen. Gewaltige Kollisionen, zum Beispiel mit Kleinplaneten, führten immer wieder dazu, dass bis zu 80 Prozent aller Lebensformen ausstarben. Die bekannteste dieser Katastrophen führte vor 65 Millionen Jahren zum Aussterben der Saurier.

Die Geschichte der Menschheit ist im Vergleich zu diesen riesigen Zeiträumen sehr kurz. Wenn man sich die ganze Erdgeschichte als ein Jahr vorstellt, dann dauerte die Zeit von Christi Geburt bis heute gerade 14 Sekunden. Dies ist auch der Grund, warum den alten Römern der Große Wagen oder das Sternbild Jungfrau genauso erschienen wie uns: Gemessen an der Geschichte des Weltalls und der Erde ist die ganze Menschheitsgeschichte so kurz wie eine Momentaufnahme. Könnten wir „nur" 100.000 Jahre lang leben, so würde sich im Laufe unseres Daseins das Sternbild des Großen Wagens deutlich ändern. Einige bekannte Sterne würden in diesem Zeitraum explodieren und aus ihrem Sternbild verschwinden.

Gibt es Beweise für den Urknall?

Für die Theorie von der Entstehung des Universums durch den „Urknall" gibt es viele Beweise. Wir wissen zum Beispiel mit Sicherheit, dass das Weltall sich ausdehnt, und können daraus auf einen Anfang vor rund 15 Milliarden Jahren schließen. Hinzu kommt, dass die Heliumkonzentration im Weltall genau den Wert hat, den die Urknalltheorie erfordert.

Ein ganz wichtiger Beweis ist jedoch die so genannte Hintergrundstrahlung – das Licht des frühen, gerade durchsichtig gewordenen Universums. Es war damals rund 3.000 Grad heiß und strahlte in einem intensiven Licht. Nun kann man Licht ja als Wellenbewegung beschreiben. Die kurzwelligen Lichtwellen des jungen Universums wurden bei der Ausdehnung des Alls immer mehr in die Länge gezogen: Sie wurden zu einer langwelligen Mikrowellenstrahlung. Diese Strahlen, die aus allen Richtungen auf uns einströmen, gelten seit ihrer Entdeckung als eine direkte Botschaft aus der Zeit kurz nach dem Urknall!

Trotz dieser Beweise lehnen manche Wissenschaftler den Urknall als einmaligen „Schöpfungsakt" ab. Sie sind der Meinung, dass das Weltall sich nur bis zu einem gewissen Grad ausdehnt und dann wieder in sich zusammenstürzt. Dabei schrumpft es aber nicht zu einer unendlich kleinen Größe zusammen, sondern es gibt – bei großer Materiekonzentration und hoher Temperatur – eine Art Rückprall, nach dem sich das All wieder ausdehnt. Die schon angeführten Beweise für den Urknall widersprechen diesen Vorstellungen nicht. Der Rückprall („Big Bounce") ist ja fast wie eine Art Urknall zu betrachten, auch wenn er nicht den Anfang der Welt bedeutet.

Die so genannte Steady-State-Theorie (von englisch „steady": unveränderlich und „state": Zustand), nach der es gar keinen Anfang gibt, wird heute nur noch von Außenseitern vertreten. Nach dieser Theorie soll das Weltall immer etwa gleich ausgesehen haben. Während der Expansion habe sich immer neue Materie gebildet, so dass die Dichte im Kosmos immer gleich geblieben sei.

Das Millersche Experiment wurde 1953 von dem amerikanischen Chemiestudenten Stanley Miller durchgeführt. Miller gelang es, die Bedingungen auf der Urerde zu rekonstruieren. Er füllte Wasser in einen Kolben und leitete die Gase der Uratmosphäre ein. Danach führte er dem Gemisch mit elektrischen Entladungen künstliche Blitze zu. Bald bildeten sich in dem Gemisch organische Moleküle, Grundbausteine des Lebens.

Entstehung des Lebens

Das Millersche Experiment erklärt zwar nicht die Entstehung des Lebens selbst, aber die Bildung seiner Bausteine. Es zeigt, wie die Aminosäuren, die Bausteine der Eiweiße, entstanden sind. Wahrscheinlich war für die Bildung so großer Moleküle das Pyrit, ein Eisen-Schwefel-Mineral, nötig. Auf seiner Oberfläche bildete sich ein organischer Belag, aus dem sich Großmoleküle formen konnten.

Leben aus dem Meer?

Manche Forscher gehen davon aus, dass sich das Leben in den Tiefen der Ozeane entwickelt hat – dies ist möglich. Abwegig ist hingegen der Gedanke, Astronauten von fremden Planeten könnten Lebenskeime mit auf die Erde gebracht haben.

MAX PLANCK UND ALBERT EINSTEIN gehören zu den bedeutendsten Physikern. Einstein entwickelte die Relativitätstheorie, die sich mit den Verhältnissen bei großen Geschwindigkeiten und in der Nähe großer Massen (wie Schwarzer Löcher) befasst. Plancks Quantentheorie beschreibt das Verhalten von Atomen und Elementarteilchen.

PLANCK-ZEIT nennt man die ersten 10^{-43} Sekunden nach dem Urknall. Bislang gibt es keine Theorie, mit der man das All in dieser ersten Phase beschreiben kann. Man müsste dazu die Quantentheorie von Planck und die Relativitätstheorie von Einstein vereinen, was bisher noch niemandem gelungen ist.

Gab es Raum und Zeit schon immer?

Bei Beschreibungen des Urknalls kann leicht der Eindruck entstehen, es handle sich dabei um eine große Explosion, deren „Splitter" in einem schon vorhandenen Raum davonfliegen. Oft wird auch gefragt, was denn vor dem Urknall gewesen sei. Man nimmt bei dieser Frage stillschweigend an, dass es die Zeit schon immer gab. Die Physiker sind jedoch der Meinung, dass Raum und Zeit erst beim Urknall entstanden sind. Im allerersten Urzustand waren sie noch nicht definiert und nicht unterscheidbar.

Wir müssen uns immer klar machen, dass alles, was wir kennen, wahrscheinlich erst beim Urknall entstanden ist, auch Raum und Zeit. Der neu entstandene Raum begann sich dann im Laufe der neu entstandenen Zeit auszudehnen.

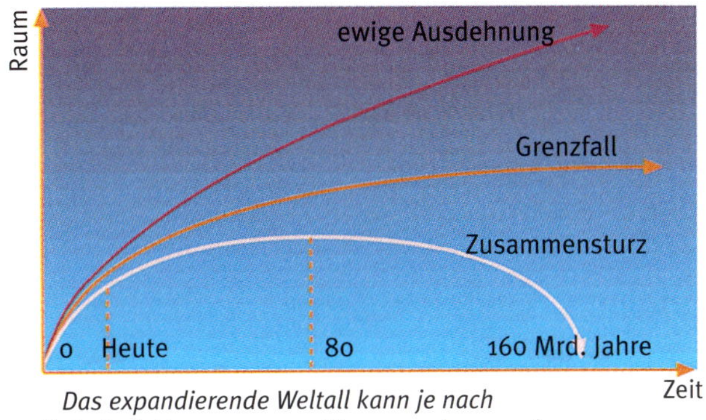

Das expandierende Weltall kann je nach Materiedichte zusammenstürzen, nach „unendlicher" Zeit zum Stillstand kommen oder sich immer weiter ausdehnen.

Ewige Expansion oder Kollaps?

Bis vor wenigen Jahren war man überzeugt, dass die Expansion des Weltalls mit der Zeit immer langsamer wird, da sich die Galaxien und die Bestandteile der Dunkelmaterie gegenseitig anziehen und abbremsen. Die Forscher fragten sich, ob die Ausdehnungsbewegung eines Tages zum Stillstand kommen und das Weltall dann wieder in sich zusammenfallen würde. Dies hängt von der Dichte der Materie im Uni-

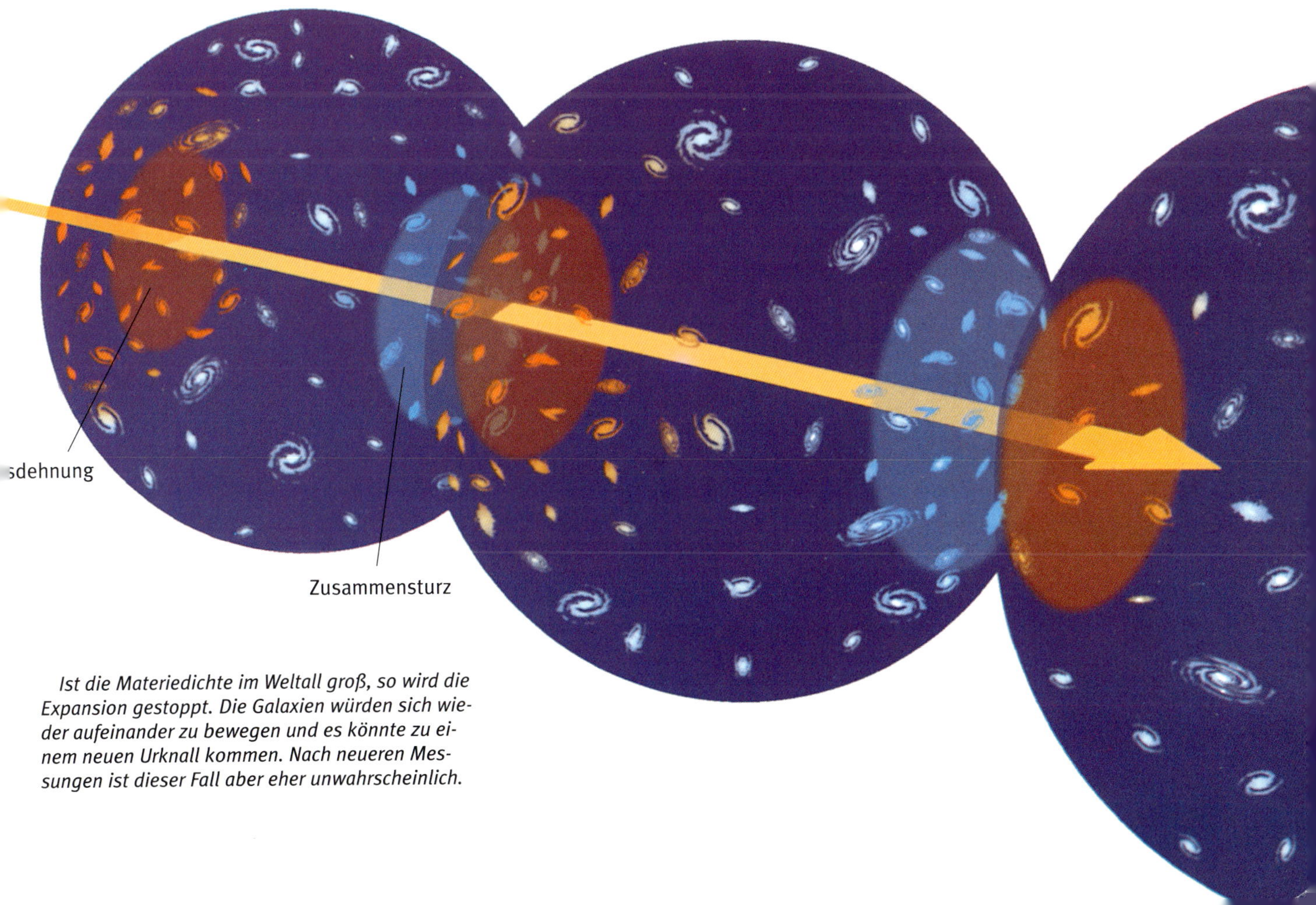

Ist die Materiedichte im Weltall groß, so wird die Expansion gestoppt. Die Galaxien würden sich wieder aufeinander zu bewegen und es könnte zu einem neuen Urknall kommen. Nach neueren Messungen ist dieser Fall aber eher unwahrscheinlich.

Ist unser Universum das einzige seiner Art? Gibt es Paralleluniversen, zu denen man durch so genannte Wurmlöcher gelangen kann? Theoretisch wäre das möglich, Beweise wird man aber kaum finden.

versum ab. Ist sie groß, dann werden die Anziehungskräfte ausreichen, um die Expansion zu stoppen. Ist die Dichte klein, so werden sich die Massen des Weltalls zwar abbremsen, es wird jedoch nicht zum Stillstand und zur Umkehr des Prozesses kommen. Es gibt einen bestimmten kritischen Dichtewert, der überschritten werden muss, wenn das expandierende All wieder in sich zusammenstürzen soll.

Nimmt man nur die sichtbaren Galaxien mit ihren Sternen und Gaswolken, so reicht ihre Masse bei weitem nicht aus, um das Universum anzuhalten und zum Einsturz zu bringen. Doch neben den sichtbaren Himmelskörpern muss es noch sehr viel Dunkelmaterie geben, die wahrscheinlich 90 bis 99 Prozent des Universums ausfüllt. Sie ist zwar kaum erforscht, aber eines ist sicher: Sie übt eine Anziehungskraft aus! Dennoch vermutete man, dass die Dichte, auch unter Einbeziehung der Dunkelmaterie, nicht ganz ausreichen würde, um das Weltgebäude kollabieren zu lassen. Vieles sprach bislang dafür, dass gerade der Grenzfall erreicht ist, bei dem das Universum sich immer weiter ausdehnt und nach unendlich langer Zeit zum Stillstand kommt.

Inzwischen haben neuere Messungen jedoch zu dem überraschenden Ergebnis geführt, dass die Expansionsbewegung überhaupt nicht abgebremst wird, sondern dass sich das Weltall immer schneller ausdehnt. Die Forscher vermuten nun, dass das Vakuum, also der Raum zwischen den Galaxien, eine geheimnisvolle Abstoßungskraft entwickelt und so die Expansion beschleunigt.

Wie sähe die Zukunft eines ewig expandierenden Alls aus?

Nach unserem heutigen, unvollständigen Wissen wird sich das Weltall also immer weiter ausdehnen. In rund 6 Milliarden (oder 6 mal 10^9) Jahren wird unsere Sonne sterben, da ihr Brennstoff aufgebraucht ist. Um die ausgebrannte Sonne, die dann zu einem kleinen Weißen Zwerg geworden ist, werden die äußeren, unzerstörten Planeten kreisen. Aber es entstehen ja immer neue Sterne, und viele von ihnen leben viel länger als unsere Sonne. Irgendwann jedoch wird es kein Material zum Aufbau neuer Sterne mehr geben und noch später – in

Die Zeit

Nach Einstein läuft die Zeit in einem sehr schnellen Raumschiff langsamer ab als auf der Erde. Für einen Raumfahrer, der mit 99,94 % der Lichtgeschwindigkeit eine Schleife fliegt, vergehen 68 Jahre, während auf der Erde 2.000 Jahre vergehen. Für ein Lichtteilchen, das sich genau mit Lichtgeschwindigkeit bewegt, steht die Zeit sogar still. Zeit gibt es also nur für Materie, die langsamer ist als Licht. Als es noch keine Materie gab, gab es auch keine Zeit.

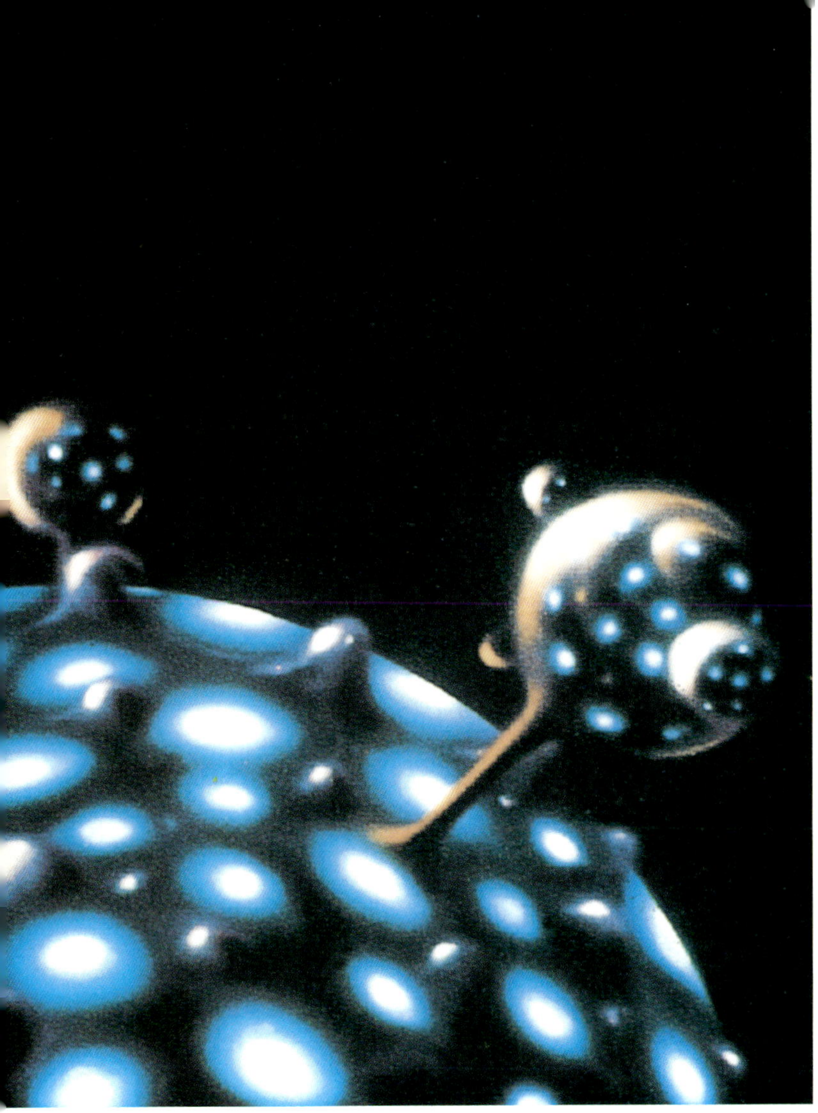

10^{12} Jahren – werden alle Sonnen verlöscht sein. Das Universum ist dann ganz dunkel. Die Planeten kreisen um tote Sterne. Nach der unvorstellbaren Zeit von 10^{16} Jahren werden auch diese Planetensysteme zerstört sein, da dann jeder Sternrest einmal mit einem anderen zusammengestoßen ist. Dabei werden die Planeten ihren Zentralsternen entrissen. In 10^{19} Jahren wird es auch keine Galaxien mehr geben. Diese werden immer mehr Sternreste ans Weltall verloren haben; ein Teil davon wird in die großen zentralen Schwarzen Löcher stürzen, so dass es dann nur noch einzelne Weiße Zwerge, Neutronensterne sowie große und kleinere Schwarze Löcher, Gasreste, Staub und Strahlung gibt.

Manche Theorien behaupten auch, dass einmal alle Materie zerfallen wird, und zwar die Protonen nach ungefähr 10^{33} Jahren, die von den Sternen stammenden Schwarzen Löcher in 10^{65} Jahren und die galaktischen Schwarzen Löcher nach 10^{100} Jahren. Es gäbe dann nur noch Elektronen, Neutrinos und Strahlungsteilchen. Das Weltall wäre extrem ausgedünnt, nur alle 500.000 Lichtjahre würde man ein Elementarteilchen treffen. Das Universum würde sich dem Zustand der „Ewigkeit" nähern, in dem es dann auch keine Zeit mehr gibt.

Kann man an den Urknall und an Gott glauben?

Viele Religionen beschreiben den Anfang der Welt so, dass aus einem einfachen Urzustand die Sterne, die Erde, Tiere, Pflanzen und schließlich Menschen entstanden. Auch Physiker sehen die Entwicklung des Weltalls ähnlich. Aus einem anfänglichen Feuerball sollen Elementarteilchen, Atome, Galaxien, Sonnen, Planeten, große Moleküle und schließlich Lebewesen hervorgegangen sein. Wenn es den so beschriebenen Urknall wirklich gab, ist die Frage noch nicht entschieden, ob er durch einen Schöpfungsakt ausgelöst wurde – das wäre ein Gottesbeweis – oder einfach eine Schwankung des „Urvakuums" ist. Mit den Mitteln der Physik können wir die Existenz Gottes weder beweisen noch widerlegen. Auch wenn wir Atome und Galaxien erforschen, ist nichts darüber gesagt, ob sie von einem höheren Wesen geschaffen wurden. Man kann also durchaus Physiker sein, sich mit Quarks und Schwarzen Löchern beschäftigen und an Gott glauben.

Ein Weltall nach Mass

Damit im Weltall Leben entstehen konnte, mussten viele Zufälle zusammenwirken. Wäre die Expansion nach dem Urknall nur 1/100.000 schneller oder langsamer verlaufen, hätten sich wahrscheinlich keine Galaxien und Sonnen bilden können oder das All wäre wieder in sich zusammengestürzt. Wären die Kernkräfte zwischen Protonen und Neutronen nur ein bisschen anders, hätte sich nie ausreichend Kohlenstoff bilden können, um Leben entstehen zu lassen. Das All ist also auf uns „abgestimmt".

Hat der Kosmos eine Grenze?

Wie erklärte man früher den Aufbau des Weltalls?

Schon vor Jahrtausenden gab es Menschen, die aufmerksam den Himmel beobachteten. Die Arbeit dieser ersten Astronomen hatte zunächst vor allem praktische Gründe: Sie wollten Seefahrern Navigationshilfen geben, Kalender aufstellen oder den Willen der Götter deuten. Astronomie und Astrologie, die Sterndeutung, waren früher nicht zu trennen. Aber auch die Kosmologie, die Lehre vom Aufbau und der Geschichte des Weltalls, ist schon sehr alt.

Insbesondere die Philosophen und Astronomen im alten Griechenland haben den Aufbau des Universums zu erklären versucht. Mit Ausnahme einiger Außenseiter hielten sie die Erde für den Mittelpunkt des Weltalls („geozentrisches Weltbild"). Zunächst glaubte man, dass wir auf einer Scheibe leben, die inmitten eines großen Ozeans schwimmt. Dann aber, schon vor rund 2.500 Jahren, erkannte man, dass unser Planet eine Kugel ist.

Im 6. Jahrhundert vor Christus stand bereits fest, dass wir auf einer großen Kugel leben. Der griechische Gelehrte Eratosthenes bestimmte um 220 v. Chr. den Erdumfang mit 39.690 km und kam damit dem heutigen Wert von 40.000 km äußerst nahe. Aber auch für ihn stand die Erde noch im Zentrum des Alls. Um sie drehten sich auf verschiedenen „Sphären" (Himmelskugeln) die Planeten, zu denen auch Sonne und Mond gehörten. Das Ganze war von einer äußeren Kugel umgeben, auf der die

Das antike Weltbild: Für unsere Vorfahren stand die Erde im Mittelpunkt des Alls („geozentrisches Weltbild"). Das All hatte eine Grenze, die Sphäre der Fixsterne.

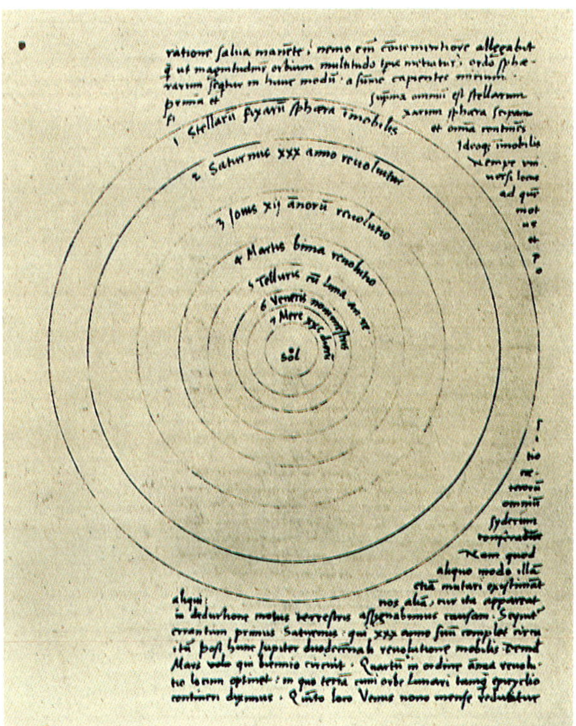

Nikolaus Kopernikus setzte die Sonne in den Mittelpunkt. Er erkannte richtig, dass sich die Erde um die Sonne und um sich selbst dreht. Kopernikus begründete damit das moderne „heliozentrische Weltbild".

ASTROLOGIE

Im Gegensatz zur Astronomie, die sich mit Aufbau und Entstehung der Sterne beschäftigt, versucht die Astrologie die Sterne zu deuten. Die Stellung der Gestirne soll Aufschluss darüber geben, wie sich bestimmte Vorgänge auf der Erde entwickeln werden. Statistische Untersuchungen zeigen jedoch immer wieder, dass solche Vorhersagen nicht möglich sind. Trotzdem werden mit astrologischen Deutungen große Geschäfte gemacht.

Sterne und Schicksal: ein uralter Aberglaube
Früher glaubten die Menschen, dass jenseits der Sphäre der Fixsterne der Bereich des Göttlichen beginne. Von dort, so dachte man, gelangte die Seele eines Neugeborenen durch die Planetensphären auf die Erde und wurde dabei von den Planeten beeinflusst. Noch heute glauben viele, dass die Stellung der Sterne bei der Geburt für den Charakter eines Menschen bedeutsam ist. Das kann jedoch niemand beweisen.

Fixsterne befestigt waren. Die Sphäre der Fixsterne war für die meisten Menschen im Altertum und Mittelalter die Grenze des Alls, hinter der sich allenfalls die Götter aufhielten. Der göttliche Bereich war jedoch für Menschen nicht zu beobachten, so dass das sichtbare Weltall eine eindeutige Grenze hatte.

Was ist die kopernikanische Wende?

Im Jahre 1501 veröffentlichte der große Astronom Nikolaus Kopernikus (1473-1543) eine kleine Schrift, in der er vorsichtig andeutete, nicht die Erde, sondern die Sonne könne im Mittelpunkt des Alls stehen. In seinem Todesjahr erschien sein Buch „Über die Umläufe der Himmelskörper", in dem er endgültig die Erde als Krone der Schöpfung entthronte und die Sonne in den Mittelpunkt rückte („heliozentrisches Weltbild"). Diese wichtige Änderung nennt man die „kopernikanische Wende". Kopernikus selbst konnte seine Theorie nicht beweisen; dies gelang erst späteren Astronomen. Und auch er war noch der Meinung, dass das All von einer Fixsternkugel oder -schale begrenzt sei.

Warum wird es nachts dunkel?

Vor rund 200 Jahren glaubte der Bremer Astronom Heinrich Olbers (1758-1840) einen Beweis für die Endlichkeit des Universums gefunden zu haben – nämlich die einfache Tatsache, dass es nachts dunkel wird. Wäre das Weltall unendlich groß, so schloss Olbers, müsste in jeder beliebigen Blickrichtung ein Stern liegen, ähnlich wie in einem sehr ausgedehnten Wald in jeder Richtung ein Baum steht, so dass man nicht hinausblicken kann. Wenn aber in jeder Richtung ein Stern liegen würde, so könnte es zwischen den Gestirnen keine dunklen Lücken geben, ähn-

In einem kleinen Wald kann man durch die Stämme hindurchblicken, im „unendlich" großen Wald gibt es keine Lücken zwischen den Bäumen. Ähnlich dürfte es im unendlich großen Universum keine Lücken zwischen den Sternen geben. In jeder Blickrichtung müsste ein Stern stehen! Dieser Gedanke stammt von dem deutschen Astronomen H. W. Olbers.

lich wie es in einem sehr großen Wald keine Lücken zwischen den Stämmen gibt, durch die man hindurchblicken und den blauen Himmel oder die untergehende Sonne sehen kann. Der ganze Himmel müsste in diesem Fall eine gleißend helle Feuerwand sein! Die Nacht wäre so hell wie der Tag. Da es aber in Wirklichkeit nach „Sonnenuntergang" dunkel wird, so meinte Olbers, kann es nicht unendlich viele Sterne geben – das All muss also endlich sein und eine Grenze haben, hinter der es zumindest keine leuchtenden Sterne mehr gibt.

Natürlich gab es den Einwand, dunkle Staubwolken könnten die dahinter liegenden Sterne verdecken. Aber unendlich viele Sterne, die seit ewigen Zeiten leuchten, hätten diese Staubmassen schon längst bis zur Weißglut aufheizen müssen. Hatte Olbers also recht? Gab es wirklich eine Grenze des Weltalls, wie schon die alten Griechen geglaubt hatten?

Blickt man aus der Milchstraßenscheibe heraus, so sieht man viele Spiralnebel. Früher hielt man sie für Gaswolken, die zu unserem System gehören. Heute wissen wir, dass es ferne Galaxien sind.

Wie sah das astronomische Weltbild vor 100 Jahren aus?

Bis ins 20. Jahrhundert hinein nahm man an, die Grenzen unseres Milchstraßensystems seien auch die Grenzen des Alls, zumindest aber der Sternenwelt. Außerhalb unserer Galaxie sollte es zwar leeren Raum geben, aber keine weiteren Sternsysteme. Die Dunkelheit des Nachthimmels wäre dann leicht zu erklären. Unsere Galaxie ist zwar groß, aber längst nicht so groß, dass in jeder Richtung ein Stern steht. Zwischen den Sternen gibt es also viele schwarze Lücken, der dunkle Nachthimmel wäre erklärbar. Im Band der Milchstraße allerdings ist die Sternendichte größer, so dass es dort eine gewisse Himmelshelligkeit gibt. Blickt man aus der Milchstraßenscheibe heraus, so sieht man die Kugelsternhaufen, die unsere Galaxie umgeben, aber auch Spiralnebel, von denen wir heute wissen, dass es sich um ferne Galaxien handelt. Am Anfang des 20. Jahrhunderts hielt man sie für spiralförmige Gasnebel, die zu unserer Galaxie gehören.

Historische Begriffe

Viele Bezeichnungen in der Astronomie reichen weit in die Geschichte zurück. Man sagt zum Beispiel „die Sonne geht auf", obwohl sich die Nachthälfte der Erde der Sonne entgegendreht, bis diese im Osten am Horizont erscheint. Ferne Sonnen nennen wir „Fixsterne", weil man früher glaubte, sie seien an der Himmelskugel festgemacht („fixiert"). Der „Andromedanebel" ist eigentlich eine Galaxie. Er heißt nur deshalb so, weil man ihn früher für einen echten Gasnebel hielt.

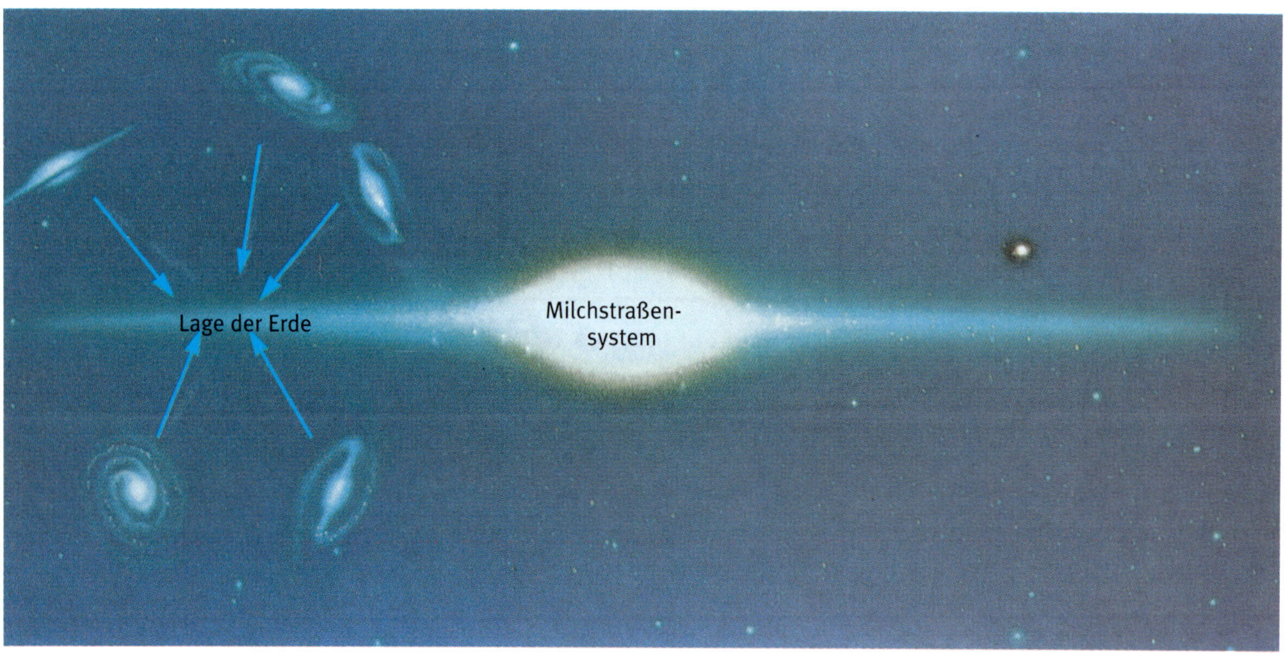

Die Andromeda-Galaxie. Sie besteht aus etwa 400 Milliarden Sternen, Gas, Staub und viel Dunkelmaterie. Ihre Entfernung beträgt rund 3 Millionen Lichtjahre.

Einheitskerzen

Entfernungen von Galaxien sind schwer genau zu bestimmen. Man sucht sich dazu so genannte „Einheitskerzen“ in einer Galaxie. Das sind bestimmte Sterntypen, von denen man weiß, wie hell sie absolut, also in Wirklichkeit, sind. Je schwächer uns diese Einheitskerzen erscheinen, umso weiter ist ihre Galaxie entfernt. Die Andromeda-Galaxie glaubte man führer rund 1 Million Lichtjahre entfernt. Schließlich maß der europäische Satellit Hipparcos jedoch eine Entfernung von rund 3 Millionen Lichtjahren.

In den zwanziger Jahren unseres Jahrhunderts gelang es dem amerikanischen Astronom Edwin Hubble zu beweisen, dass die Spiralnebel ferne Galaxien sind, die wie unser Milchstraßensystem aus Milliarden von Sternen bestehen und viel weiter entfernt sind als alle Sternhaufen, die man bis dahin gekannt hatte. Die Andromeda-Galaxie ist zum Beispiel rund 3 Millionen Lichtjahre von uns entfernt, das Licht von ihr zu uns ist also etwa 3 Millionen Jahre unterwegs. Viele Sterne, die wir in der Andromeda-Galaxie sehen, sind in Wirklichkeit längst erloschen. Das Tor zur Welt der Galaxien war nun aufgestoßen. Die Frage nach den Grenzen des Weltalls musste neu aufgerollt werden.

Ist das All endlich und doch ohne Grenzen?

In den drei Jahrzehnten nach Hubbles großen Entdeckungen gelang es den Astronomen, immer mehr Galaxien zu finden. Bald ging ihre Zahl in die Millionen. Je weiter sie entfernt waren, umso schneller schienen sie von uns wegzufliegen. Das Reich der Galaxien und damit das Weltall schien keine Grenze zu haben.

Aber warum war dann der Nachthimmel dunkel? Olbers schien den Beweis für die Endlichkeit des Alls geliefert zu haben, denn wäre das All unendlich groß, müsste der Nachthimmel eine helle Feuerwand sein (siehe Seite 38). Es musste also, so schlossen viele Wissenschaftler,

Blick in einen Galaxienhaufen. Im uns zugänglichen Teil des Alls gibt es rund 100 Milliarden Galaxien, die oft Billionen von Sternen enthalten.

eine Grenze geben. So eine Grenze allerdings würde einer Erfahrung widersprechen, die sich immer bewährt hat: dem so genannten „kosmologischen Prinzip“. Dieses besagt, dass im Großen und Ganzen jeder Bereich und jede Richtung im Weltall gleichberechtigt ist. In welche Richtung und Entfernung die Astronomen in den fünfziger Jahren auch blickten, überall fanden sie ähnliche Verhältnisse. Überall gab es die gleichen Stern- und Galaxientypen, jeder Raumbereich von genügender Größe war ähnlich wie alle anderen. Eine Grenze würde diesem kosmologischen Prinzip widersprechen, da sie ein bevorzugter Bereich wäre. Also durfte es eigentlich doch keine Grenze geben, das All musste grenzenlos sein. Die Astronomen kamen zu einem merkwürdigen Schluss: Das Weltall musste unbegrenzt und doch endlich sein. Konnte es denn so etwas geben?

Zumindest kennen wir Flächen, die endlich und dabei grenzenlos sind. Die Oberfläche einer Kugel hat zum Beispiel diese Eigenschaft. Wenn die Erde ganz mit Wasser bedeckt wäre, könnte ein Schiff immer geradeaus fahren, ohne an eine Grenze zu stoßen. Und doch ist die Erde nicht unendlich groß, sondern hat eine endliche Oberfläche. Wenn es endliche und dennoch unbegrenzte Flächen gibt, dann könnte es vielleicht auch Räume geben, die diese Eigenschaft haben. Ist unser Weltall vielleicht so aufgebaut, dass ein schnelles Raumschiff, wenn es immer geradeaus fliegt, zwar nie an eine Grenze stößt, aber doch irgendwann wieder am Ausgangspunkt ankommt? Das Weltall wäre dann unbegrenzt und doch endlich. Einen solchen Raum kann sich natürlich niemand vorstellen, doch das heißt nicht, dass es ihn nicht geben kann.

Was ist die Raumkrümmung?

Der große Physiker Albert Einstein und seine Nachfolger haben gezeigt, dass große Massen den Raum verformen können, so dass Lichtstrahlen, die in diesem Raum laufen, gekrümmt erscheinen.

Wäre die Erde ganz mit Wasser bedeckt, so würde ein Schiff nie an eine Grenze stoßen. Die Erdoberfläche ist unbegrenzt und doch endlich.

Selbst die Sonne „verbiegt“ Lichtstrahlen. Man kann dies bei totalen Sonnenfinsternissen nachweisen, bei denen der Mond die Sonne ganz bedeckt. Direkt bei der verdunkelten Sonne sind dann Sterne zu sehen, deren Lichtstrahlen ein wenig um die Sonne „herumgebogen“ werden, so dass sie an einer ungewöhnlichen Stelle erscheinen. Dieser Effekt ist winzig klein, doch wir kennen heute viele andere Beispiele für Raumkrümmungen durch große Massen. Das Licht ferner Quasare (Galaxien im Frühstadium) wird durch Galaxien, die sich – aus unserer Sicht – davor befinden, oft so verbogen, dass es einmal links und einmal rechts um die Galaxie herumläuft. Man sieht dann Doppel- oder Mehrfach-

Die moderne Physik beschreibt viele Dinge, die wir nicht sehen und die wir uns nicht vorstellen können. Niemand hat je ein Elektron oder ein Quark gesehen, obwohl diese Teilchen existieren. Wahrscheinlich gibt es auch den gekrümmten Raum oder Schwarze Löcher, obwohl beides unsere Vorstellungskraft übersteigt.

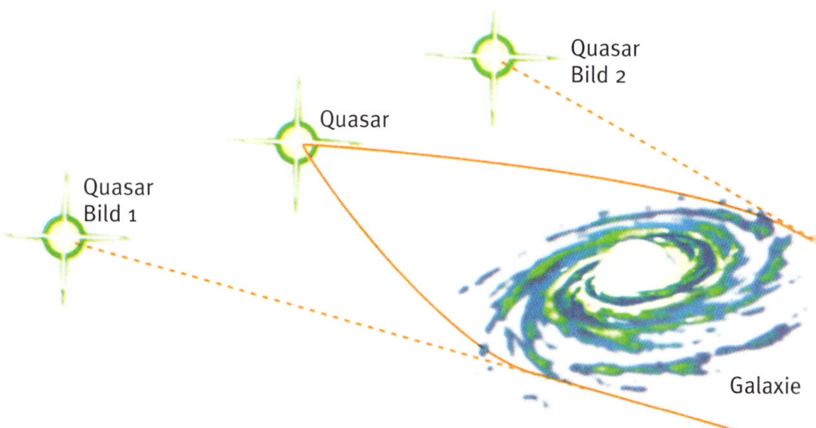

Große Massen krümmen den Raum. Zwischen der Erde und einem Quasar liegt eine massereiche Galaxie. In ihrer Umgebung wird der Raum gekrümmt und damit auch die Lichtstrahlen des Quasars, die sich in diesem Raum bewegen. Man sieht dann zwei oder mehr Bilder des Quasars.

bilder desselben Quasars. Das Licht wird wie durch eine Linse abgelenkt, und tatsächlich benutzt man auch den Begriff „Gravitationslinse“.

Es ist durchaus denkbar, dass das ganze Universum so gekrümmt ist.

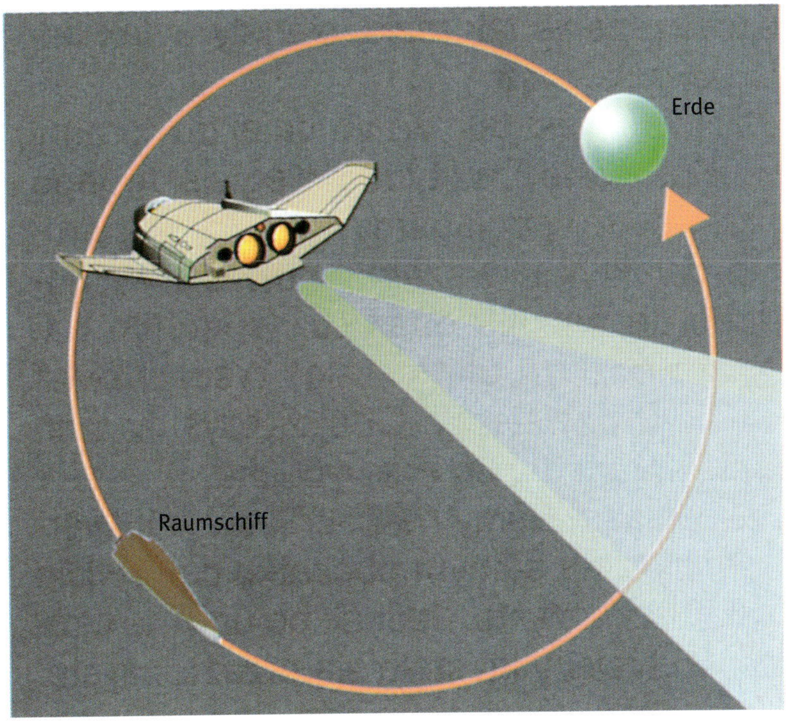

Ist das Weltall unbegrenzt, aber endlich? Würde ein Raumschiff, das immer geradeaus fliegt, wieder am Ausgangspunkt ankommen?

Das Hubble-Weltraumteleskop wies viele Gravitationslinsen nach und zeigte die Raumkrümmung durch große Massen. Hier ein Mehrfachbild desselben Objekts.

Das, was wir als Ebene empfinden, ist vielleicht einer Kugeloberfläche ähnlich. Das Weltall wäre dann grenzenlos, aber endlich, oder, wie Astrophysiker sagen, „geschlossen“.

Ob das Universum wirklich endlich ist, könnten wir beantworten, wenn wir die durchschnittliche Massendichte im All kennen würden. Ist sie groß, dann wird der Raum durch die vielen Massen so gekrümmt, dass er endlich ist. Dies ist aber erst ab einer bestimmten kritischen Dichte möglich. Es ist genau die Dichte, die nötig wäre, um das expandierende All zum Einsturz zu bringen. Wahrscheinlich reichen die Massen des Universums aber dafür nicht aus.

Wenn das All jedoch unendlich oder zumindest unvorstellbar groß ist, so müsste in jeder Richtung ein heller Stern in irgendeiner fernen Galaxie stehen. Der ganze Himmel müsste dann eine helle Fläche sein. Wieder stehen wir vor einem scheinbaren Widerspruch!

Die Lösung liegt in der Tatsache, dass das Weltall nicht unendlich alt, sondern vor rund 15 Milliarden Jahren entstanden ist und sich seitdem ausdehnt.

Können wir unendlich weit in die Ferne sehen?

Wenn die Inflationstheorie (S. 26) stimmt, nach der sich das All nach dem Urknall extrem schnell ausdehnte, so ist die kleine Raumblase, aus der unser Universum entstand, heute unvorstellbar groß. Man nimmt einen Radius von 10^{2000} Lichtjahren an. Das ist eine Eins mit 2.000 Nullen! Wir überblicken jedoch nur einen winzigen Teil dieses gigantischen Welt-

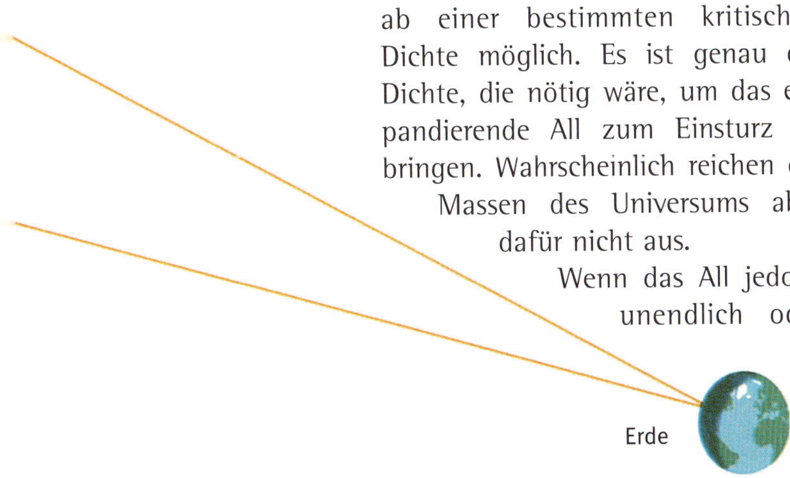

alls. Das Universum ist ja erst 15 Milliarden Jahre alt. Das Licht von einer Galaxie, die heute 100 Milliarden Jahre entfernt ist, kann uns also in der „kurzen“ Zeit noch gar nicht erreicht haben.

Je tiefer wir ins All blicken, umso weiter schauen wir in die Vergangenheit. Schon unsere Sonne sehen wir so, wie sie vor etwas über 8 Minuten ausgesehen hat, da das Licht von ihr zu uns so lange unterwegs ist. Der Fixstern Wega erscheint uns so, wie er vor 25 Jahren aussah, beim Stern Deneb blicken wir 2.000 Jahre zurück. Die Andromeda-Galaxie sehen wir in dem Zustand, in dem sie sich vor rund 3 Millionen Jahren befand. Manche Galaxien sehen wir so, wie sie vor 100 Millionen Jahren aussahen, da ihr Licht 100 Millionen Jahre brauchte, um zu uns zu gelangen. Dasselbe würde in umgekehrter Richtung gelten: Bewohner jener fernen Galaxie würden, wenn sie entsprechende Fernrohre hätten, eine von Sauriern bevölkerte Erde sehen. Vom Menschen könnten sie noch nichts wissen – die Botschaft, dass es uns gibt, wäre dort noch nicht angekommen.

Die Quasare zeigen sich den Astronomen so, wie sie vor Jahrmilliarden strahlten. Sollten tatsächlich Außerirdische auf einer solchen, inzwischen entwickelten Galaxie leben, könnten sie nicht einmal wissen, dass es die Erde gibt. Die Botschaft von der Entstehung der Erde wäre dort noch nicht angekommen, denn sie kann sich nur mit Lichtgeschwindigkeit ausbreiten. Außerdem hätten die fernen Siedler wohl kaum die technischen Möglichkeiten, einen kleinen Planeten in einer fernen Galaxie zu finden.

Wenn wir aber desto weiter in die Vergangenheit sehen, je weiter wir

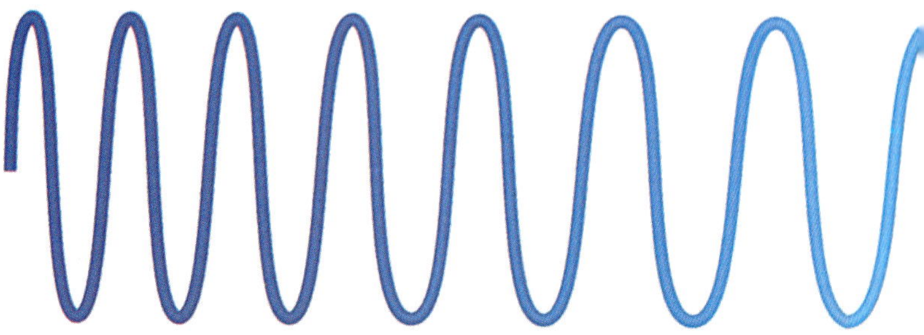

Das Licht, das vor vielen Milliarden Jahren vom Urgas ausgesandt wurde, wurde durch die Expansion des Alls immer langwelliger und erreicht uns als unsichtbare, aber nachweisbare Mikrowellenstrahlung.

Wellen und Quanten

Das Licht und seine Verwandten, wie zum Beispiel die Ultraviolett- oder Infrarotstrahlung, werden normalerweise als Wellen beschrieben. Es gibt aber auch Experimente, in denen das Licht sich wie ein Strom von Teilchen verhält. Man nennt diese Teilchen Lichtquanten. Licht hat also Wellen- und Teilchencharakter, auch wenn wir uns das, wie vieles in der modernen Physik, nicht vorstellen können. Man nennt solches Verhalten auch „Dualismus“.

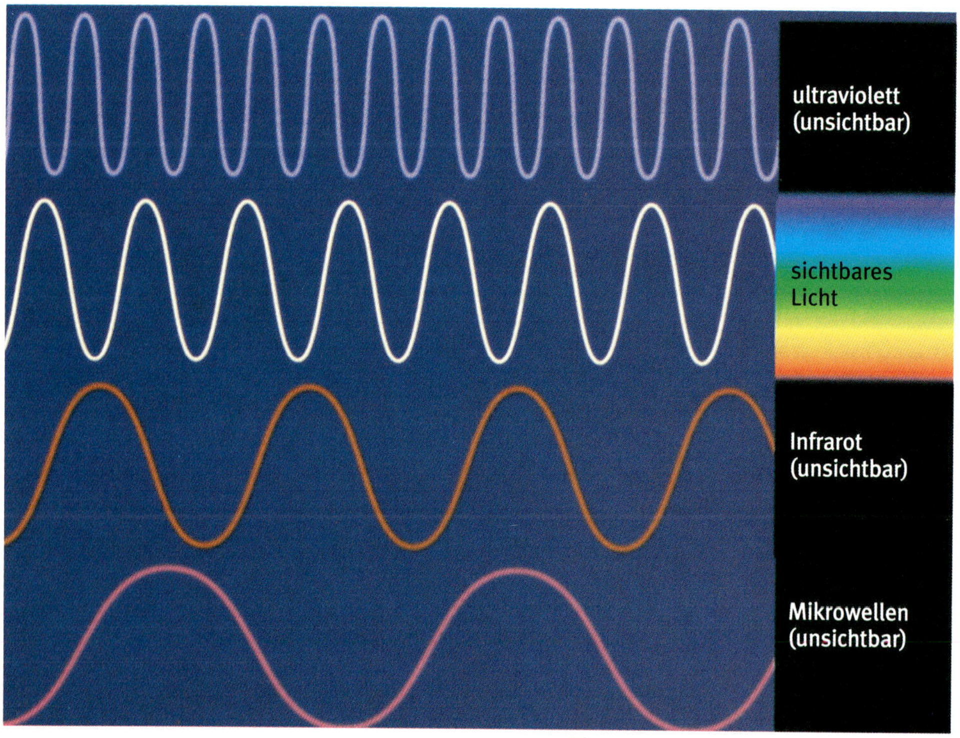

Die so genannten elektromagnetischen Wellen reichen von den längsten Radiowellen bis zu den kürzesten kosmischen Strahlen. Dieser Ausschnitt zeigt die aufeinander folgenden unsichtbaren Ultraviolettstrahlen, das sichtbare Licht, und die ebenfalls unsichtbaren Infrarotstrahlen und Mikrowellen. Sie sind langwellige Verwandte des Lichts, unsichtbar, aber nachweisbar. Aus ihnen besteht die „kosmische Hintergrundstrahlung“.

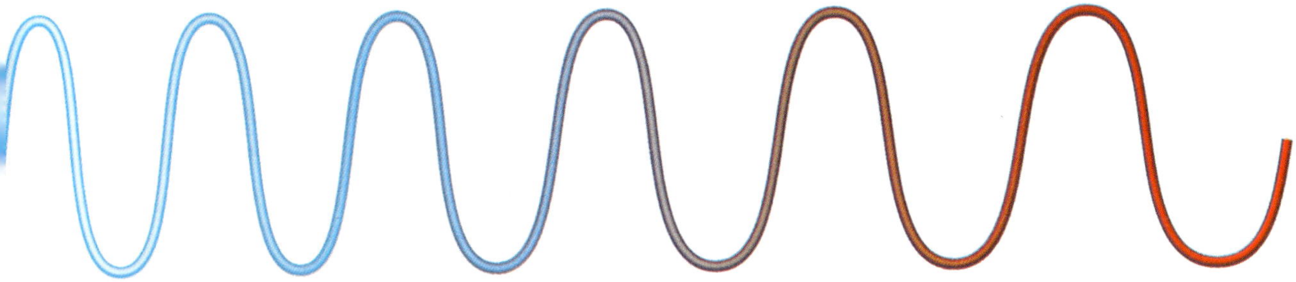

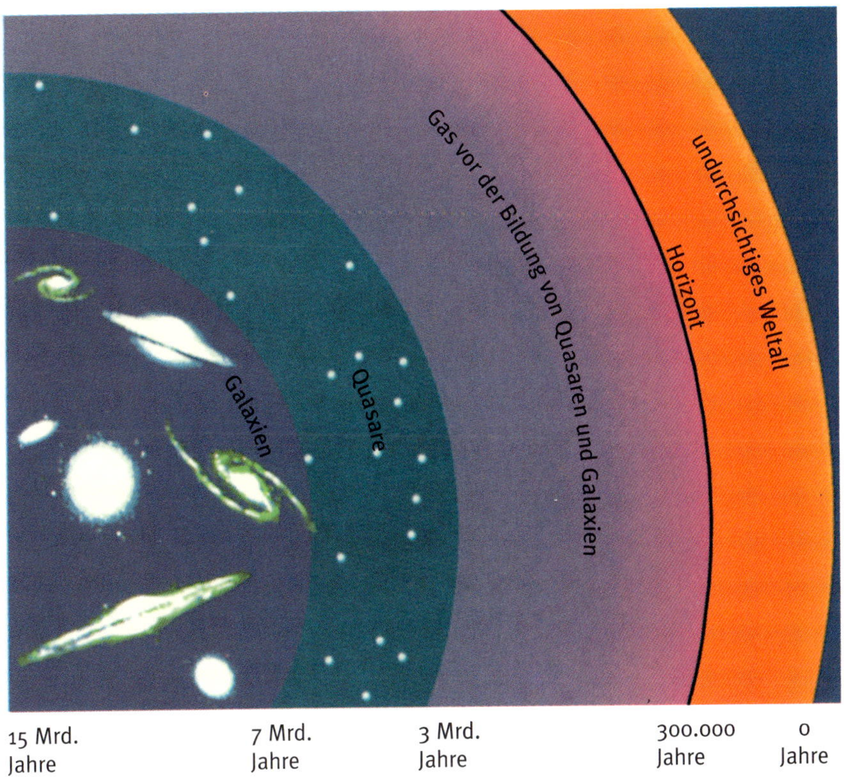

Blick in die Tiefen und in die Vergangenheit des Alls. Am „Horizont“ sehen wir das Universum so, wie es kurz nach dem Urknall aussah.

in die Tiefen des Universums blicken, dann müssten wir jenseits der Galaxien und Quasare irgendwann eine Gegend finden, in der das Weltall gerade erst entstanden ist. Wir müssten den Zustand kurz nach dem Urknall beobachten können!

Ganz am Anfang war das Universum undurchsichtig. Nach etwa 300.000 Jahren wurde es durchsichtig und bestand u. a. aus einem 3.000 Grad heißen Gas. Jenseits von Milchstraßensystemen und Quasaren müssten wir also eine gleißend helle Wand aus heißen Gasen sehen. Der Nachthimmel müsste eigentlich hell sein, da man in jeder Richtung in großer Entfernung den heißen Anfangszustand sehen müsste.

Seit Aussendung dieses hellen Lichts hat sich das Weltall jedoch sehr stark ausgedehnt. Damit wurden auch die kurzen Lichtwellen gestreckt. Das helle Licht, das vom Urgas ausgesandt wurde, kommt zwar bei uns an, jedoch als langwellige Mikrowellenstrahlen. Unser Auge kann diese Strahlung nicht sehen, es ist jedoch möglich, sie mit entsprechenden Antennen zu empfangen. Diese so genannte Hintergrundstrahlung gilt auch als Beweis für die Urknalltheorie (siehe Seite 32).

Das entfernteste, was wir erkennen können, ist also das heiße Urgas, aus dem das Weltall kurz nach seiner Geburt bestand. Weiter als in die Anfänge können wir nicht blicken. Das Urgas umgibt uns daher wie ein Horizont, über den wir nicht hinausschauen können. Der Horizont ist für uns dunkel, scheint aber eine unsichtbare Mikrowellenstrahlung auszusenden. Zwar ist er sehr weit weg, jedoch nicht so weit, dass in jeder Richtung vor ihm ein heller Stern stünde. Zwischen Sternen und Galaxien gibt es viele Lücken, durch die man bis zum dunklen Horizont schauen kann. Auch wenn das All unendlich oder unvorstellbar groß ist, überblicken wir nur einen kleinen Teil. Der Horizont ist keine Grenze (vermutlich liegen dahinter unzählige weitere Galaxien), aber die Grenze unserer Sicht.

Energie der Quanten

Je kurzwelliger eine elektromagnetische Strahlung ist, umso energiereicher sind ihre Quanten. Röntgenstrahlung ist viel kurzwelliger als sichtbares Licht und hat daher viel energiereichere Quanten als dieses. Lichtquanten bewegen sich mit Lichtgeschwindigkeit. Das ist einem Elektron oder Proton nicht möglich, da deren Masse nach Einstein dann unendlich groß wäre.

Leben im Weltall

Gibt es Leben auf Nachbarplaneten?

Nach unserem heutigen Wissen können wir davon ausgehen, dass es wahrscheinlich Milliarden von Sonnensystemen mit erdähnlichen Planeten gibt. Leider werden wir sie jedoch mit Raumschiffen kaum erreichen. Die unmittelbaren Nachbarn der Erde wie Mond, Venus und Mars dagegen kann man heute leicht mit Raumsonden erforschen, und es wäre durchaus möglich, dort Leben nachzuweisen.

Während Merkur, der sonnennächste Planet, der Mond und auch die Außenposten unseres Sonnensystems wie Jupiter und Saturn wohl nie bewohnt waren, ist das bei Venus und Mars immerhin denkbar. Allerdings ist es auf Venus heute rund 500 Grad heiß, so dass dieser Planet zum gegenwärtigen Zeitpunkt unbewohnbar ist. Bei Mars jedoch ist das nicht ganz so eindeutig. Noch vor 100 Jahren war man von der Existenz intelligenter Marsbewohner sogar felsenfest überzeugt. Der italienische Astronom Schiaparelli glaubte, auf dem roten Planeten Kanäle entdeckt zu haben, die man für Bauwerke einer hoch entwickelten Zivilisation hielt. Heute wissen wir, dass es diese Kanäle gar nicht gibt. Auch pyramidenähnliche Gebilde und ein Berg, dessen Oberfläche ein wenig an ein Menschengesicht erinnert, sind kein Beweis dafür, dass es dort je eine Zivilisation gegeben hat. Sie sind wahrscheinlich ganz natürlich entstanden. Auch auf der Erde gibt es Felsen, die wie eine von Bildhauern gefertigte Skulptur aussehen, obwohl sie sich durch die Kräfte der Natur gebildet haben.

Die beiden Planetensonden Viking 1 und 2, die 1976 auf dem Mars landeten, konnten dort keinerlei Leben nachweisen. Der Planet hat zwar eine Atmosphäre, sie ist jedoch sehr dünn, so dass viele gefährliche Strahlen die Marsoberfläche erreichen können. Flüssiges Wasser, in dem

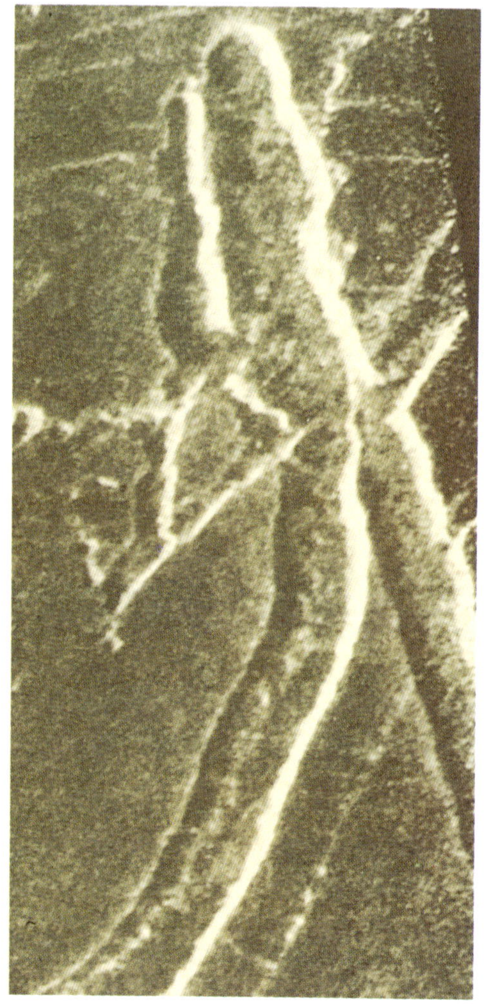

Der „Venusmann“, ein System von Lava-Rinnen?

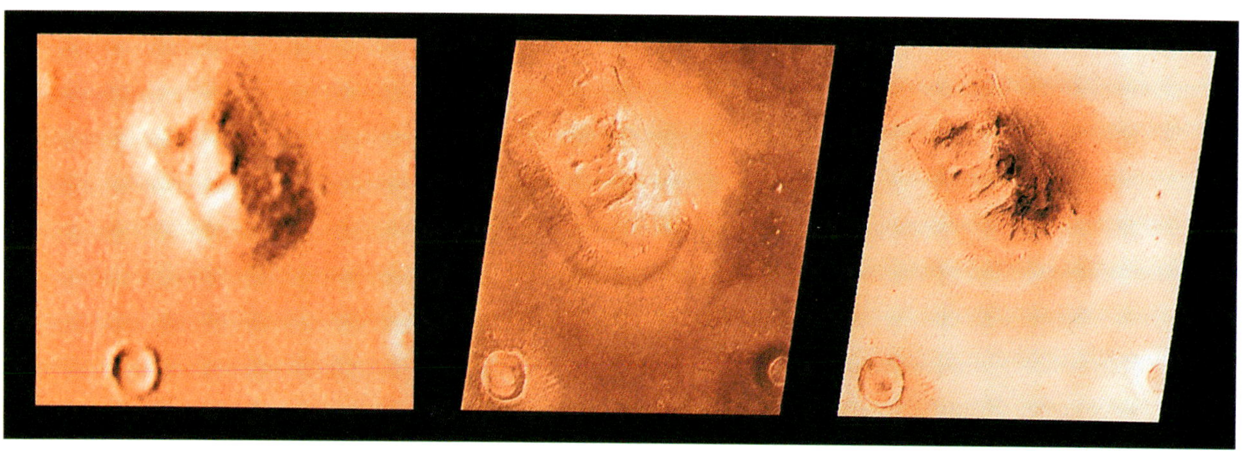

Das „Marsgesicht“, aufgenommen von der Sonde „Mars Global Surveyor“. Es sieht aus wie ein Bauwerk, ist aber ganz natürlich entstanden.

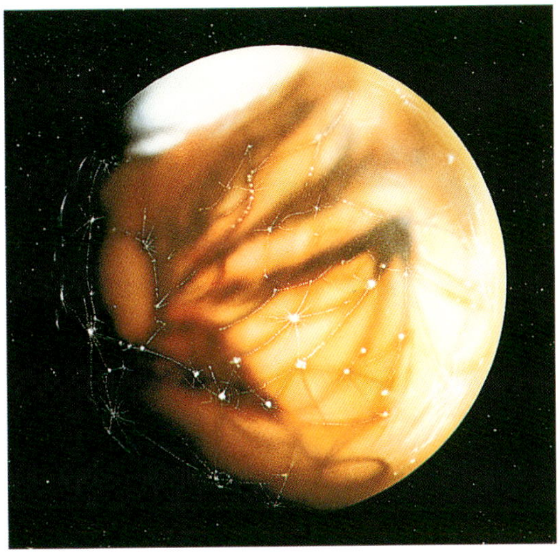

Vor 100 Jahren glaubte man, dass es auf dem Mars eine Zivilisation gibt, die riesige Kanäle baut. Später erwiesen sich die Marskanäle als optische Täuschung.

Lebewesen Schutz finden könnten, gibt es dort nicht, da dafür ein gewisser Mindest-Luftdruck erforderlich ist. Aber war das immer so? Satellitenaufnahmen des Planeten zeigen an verschiedenen Stellen riesige ausgetrocknete Flussbetten, in denen einmal Wasser geflossen sein muss. Wahrscheinlich hatte Mars früher eine dichtere Lufthülle, Flüsse und Seen, und es kann durchaus sein, dass es auch einfache Lebewesen gab. Viele Wissenschaftler nehmen an, dass der Planet diese Atmosphäre durch eine Kollision mit einem Kleinplaneten fast ganz verloren hat. Es gibt aber auch andere Theorien darüber, warum Mars heute unwirtlich und lebensfeindlich ist. Sicher können weitere Raumfahrtunternehmungen, wie die der unbemannten US-Sonde Mars Global Surveyor, die 1997 ihre Arbeit über dem Mars begonnen hat, noch Überraschungen bringen. Heutige Wissenschaftler sind jedoch der Meinung, dass es außer auf der Erde in unserem Sonnensystem kein Leben gibt. Auch in anderen Teilen unseres Milchstraßensystems konnte bisher nie Leben nachgewiesen werden – auch wenn es immer wieder sensationelle Berichte vom Besuch außerirdischer Intelligenzen gibt.

Bei der PATHFINDER-MISSION erforschte der automatische Mini-Rover Sojourner den Mars-Boden. Mit seiner „Schnüffelnase" nahm er chemische Analysen vor.

EINE REISE ZUM MARS wäre mit unseren technischen Möglichkeiten schon denkbar. Für den Hinflug würde eine bemannte Raumfähre etwa 10 Monate benötigen. Nach einem Aufenthalt von rund 16 Monaten würde die Rückreise noch einmal 9 Monate dauern. Russische Kosmonauten haben bewiesen, dass der Mensch auch lange Raumflüge recht gut aushält. Sicher werden aber noch viele Jahre bis zum bemannten Marsflug vergehen.

Kennen wir andere Planetensysteme?

Immer wieder erfahren wir, dass Astronomen Planeten von anderen fernen Sonnen entdeckt haben. Solche Planeten können wir aber nicht mit Teleskopen beobachten, da sie, von uns aus gesehen, ganz nahe bei ihren Sonnen stehen und von diesen völlig überstrahlt werden. Man kann ferne Planeten aber indirekt beobachten. Da sie auf ihre Zentralsterne Anziehungskräfte ausüben, lenken sie diese ein wenig von ihren sonst geraden Bahnen ab. In manchen Fällen zwingen sie ihre Sonnen, sich einmal auf uns zu-, dann wieder von uns wegzubewegen. Dadurch wird ihnen eine Art Taumelbewegung aufgezwungen, die man mit Spezialinstrumenten nachweisen kann. Messungen dieser Art lassen darauf schließen, dass es auch bei einigen Nachbarsonnen Planeten gibt.

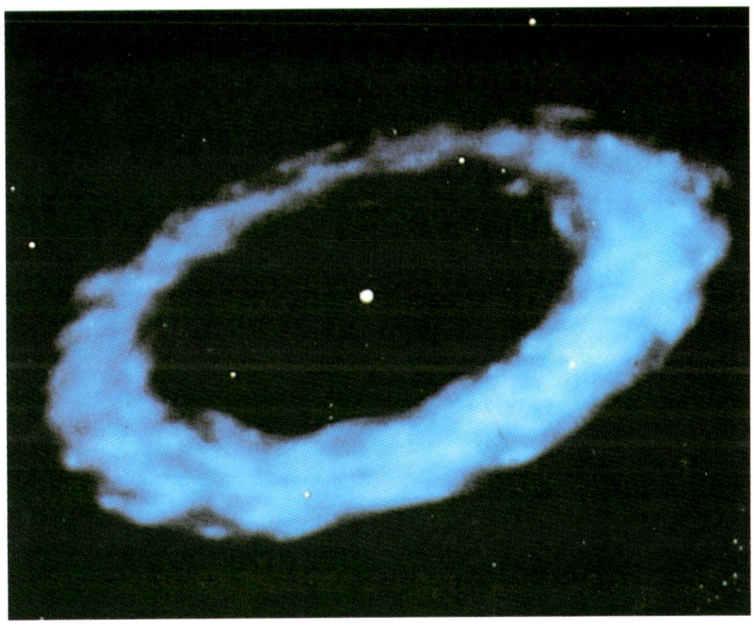

Lange vor Fertigstellung des Hubble-Teleskops entdeckten Infrarotsatelliten Staubscheiben, aus denen vielleicht Planeten entstehen.

Das ist eigentlich auch nicht anders zu erwarten, denn überall im

Große Radioteleskope werden immer wieder eingesetzt, um Signale außerirdischer Zivilisationen aufzufangen.

Weltall gibt es die gleichen Stoffe und Naturgesetze, nach denen Sterne und Planetensysteme entstehen. Hinzu kommen viele Beobachtungen des Hubble-Weltraumteleskops und einiger Satelliten, die eindeutig große Scheiben um junge Sterne zeigen. Aus diesen Scheiben entstehen wahrscheinlich Planetensysteme und nichts spricht dagegen, dass sich bereits früher ferne Planeten gebildet haben.

Sind wir wirklich allein im All?

Wenn außerirdisches Leben auch noch nie eindeutig nachgewiesen wurde, so spricht doch vieles dafür, dass es außer der Erde noch andere bewohnte Planeten gibt. Es ist eine allgemeine Erfahrung, dass im Weltall nichts einmalig ist. Überall sind dieselben Galaxientypen, Sternsorten und chemischen Grundstoffe zu finden. Warum sollte also nicht auch anderswo Leben entstanden sein? Noch haben wir dafür zwar keine Beweise. Wir wissen aber, dass es überall im Universum von komplizierten organischen Stoffen, den Grundbausteinen des Lebens, nur so wimmelt. In vielen Sternentstehungsgebieten und Meteoriten sind solche Stoffe nachzuweisen.

Wie können wir mit Außerirdischen Kontakt aufnehmen?

Die amerikanische Raumsonde Pioneer 10 hat um 1985 unser Planetensystem verlassen und wird in Hunderttausenden von Jahren vielleicht bei einigen anderen Fixsternen vorbeifliegen, deren Planeten bewohnt sein könnten. Für diesen unwahrscheinlichen Fall haben die Wissenschaftler der kleinen Sonde eine Plakette mit einigen Informationen über die Erde und den Menschen mitgegeben.

Die Voyager-Sonden, die erfolgreich die äußeren Planeten wie Jupiter und Saturn erforschten, werden ebenfalls unser Sonnensystem für immer verlassen. Auch sie tragen Informationen für eventuelle Außerirdische in Form einer Bild-Ton-Platte mit sich, auf der Bilder unserer Erde, Grußbotschaften und Musikstücke gespeichert sind. In 100.000 Jahren werden sie vielleicht die letzten Zeugen unserer Kultur sein. Noch nach Millionen von Jahren wäre es im Prinzip möglich, mit Hilfe eines Abspielgeräts, das sich ebenfalls in der Raumsonde befindet, irgendwo im Weltall Werke von Bach und Beethoven zu hören.

Aber werden Außerirdische, falls sie existieren und unsere Nachricht erhalten, die Botschaft überhaupt verstehen und beantworten können,

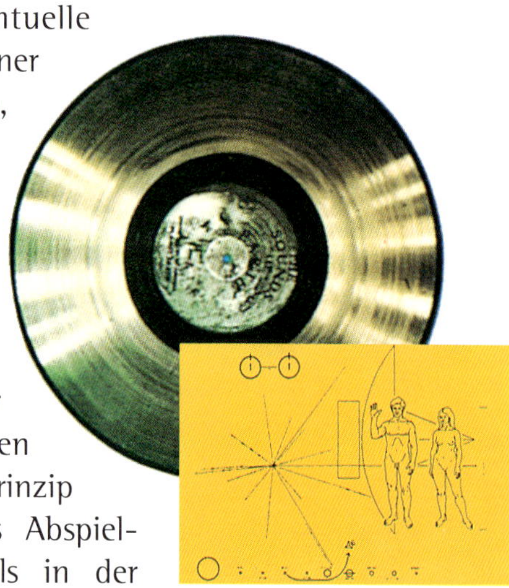

Flaschenpost für außerirdische Zivilisationen: rechts die Pioneer-Plakette, links die Bild-Ton-Platte der Voyager-Sonden

DIE UNVORSTELLBAREN ENTFERNUNGEN IM ALL werden wohl dafür sorgen, dass wir auf eine Antwort aus dem Weltraum vergeblich warten. Die Raumsonde Voyager 2 zum Beispiel wird bis zum Jahr 958.000 dreizehn Fixsterne passieren, den ersten davon nach ca. 70.000 Jahren. In etwa 290.000 Jahren wird sich Voyager 2 in der Nähe von Sirius, unserem hellsten Fixstern, aufhalten. Selbst wenn einer der Planeten, die zu diesen Sternen gehören, bewohnt wäre und die Außerirdischen dort unsere Nachricht empfangen und beantworten könnten – bei so langen Antwortzeiten wird uns wohl nie eine Flaschenpost aus dem All erreichen...

UFOs

Immer wieder gibt es Berichte über so genannte „unidentifizierte Flugobjekte", kurz UFOs. Sind es außerirdische Raumschiffe? Viele UFO-Erscheinungen kann man natürlich erklären. Satelliten, ungewöhnlich helle Planeten, Wetterballone, bestimmte Wolkentypen oder Disko-Lichter werden oft für außerirdische Raumschiffe gehalten. Ein kleiner Prozentsatz von „UFOs" bleibt jedoch übrig, den man nicht erklären kann. Auch dies ist aber noch kein Beweis für eine außerirdische Herkunft.

solange noch Menschen auf der Erde leben?

Es gibt jedoch viel schnellere Boten als Raumsonden mit Plaketten oder Schallplatten: Licht- und Radiowellen. Man hat zum Beispiel immer wieder versucht, mit großen Radioteleskopen Botschaften aus dem All zu empfangen oder Kontaktsignale auszusenden. Ein kosmisches „Telefongespräch" mit einem Bewohner eines fünf Jahre entfernten Planeten wäre innerhalb eines Forscherlebens durchaus möglich, da nach zehn Jahren die Antwort auf unsere Anfrage da sein könnte!

Nach wie vor wird systematisch versucht, Signale von Planeten bei sonnenähnlichen Sternen zu empfangen. Das umfangreichste dieser Projekte heißt „SETI" (Search for Extraterrestrial Intelligence, auf deutsch: „Suche nach außerirdischer Intelligenz"). Bis jetzt waren jedoch alle Bemühungen erfolglos.

Warum blieben Kontaktversuche mit Außerirdischen erfolglos?

Selbst wenn es im Umkreis von 80 Lichtjahren, der Reichweite unserer Radioteleskope, wirklich einen Planeten gibt, der auch Leben trägt, ist es sehr unwahrscheinlich, dass dort gerade das Zeitalter der technischen Zivilisation erreicht ist. Vielleicht laufen dort saurierähnliche Wesen herum, deren Nachkommen erst in Millionen von Jahren Satelliten und Radioteleskope bauen werden. Möglicherweise sind die intelligenten Wesen in dieser fernen Welt aber auch längst ausgestorben.

Wahrscheinlich ist der nächste Planet, auf dem es heute Astronauten und Fernrohre gibt, so viele Lichtjahre entfernt, dass Signale Jahrtausende zu uns unterwegs wären und unsere Geräte zu schwach, um sie zu empfangen.

Sollte es in unserer Nähe erdähnliche Planeten geben, wird dort kaum das Zeitalter der Technik erreicht sein. Vielleicht gibt es dort gerade Saurier oder frühere Hochkulturen sind längst zerfallen...

Register

Die Reihe wird fortgesetzt.